Material- und Zeitaufwand bei Bauarbeiten

Hilfsbuch zur Ermittlung und Überprüfung der Kosten im Baugewerbe

Von

Dipl.-Ing. Arnold Ilkow
Ingenieurkonsulent für das Bauwesen

Fünfte
neu bearbeitete und vermehrte Auflage

Springer-Verlag Wien GmbH 1942

ISBN 978-3-7091-2124-5   ISBN 978-3-7091-2168-9 (eBook)
DOI 10.1007/978-3-7091-2168-9

Vorwort zur fünften Auflage.

In einer Zeit beispiellosen Niederganges unseres Volkes wurde dieses Buch in der Absicht geschrieben, dem Baugewerbe und den am Baugewerbe interessierten Kreisen einen von zeitlich und örtlich außerordentlich abweichenden Tagespreisen unabhängigen Behelf in die Hand zu geben, der in handlicher, knapper und übersichtlicher Form Arbeitsstunden und Baustoffmengen enthält und außerdem als Anlageheft für aus der eigenen Erfahrung des Benützers stammende Werte benützt werden kann.

Der Erfolg hat dem Verfasser Recht gegeben. Innerhalb von drei Jahren erschienen drei Auflagen. Der Absatz erstreckte sich über die damaligen Grenzen des Reiches und der Ostmark nahezu über alle Gebiete, die heute das Reich unter seinen Schutz genommen hat.

Für den Verfasser war dies Ansporn und Verpflichtung, den einmal betretenen Weg folgerichtig weiter zu schreiten und mit jeder neuen Auflage mehr zu bieten. Überprüfung der Werte ergab vielfach eine Berichtigung der Leistungen, was jedem Einsichtigen klar sein wird, der die Rückkehr zu normalen Arbeitsleistungen verfolgen konnte.

Von der dritten Auflage schloß sich das vorliegende Heft immer enger an das DIN-Taschenbuch 3: Technische Vorschriften für Bauleistungen, aufgestellt vom Reichsverdingungsausschuß an. Ich möchte diese Technischen Vorschriften als eine unerläßliche Ergänzung des vorliegenden Werkes betrachtet wissen, weil es den Verfasser der Mühe enthebt, die angeführten Leistungen genau zu beschreiben.

Brachten schon die früheren Auflagen Erweiterungen des Umfanges, so gilt dies noch mehr für die fünfte Auflage, wie ein Blick in das Sachverzeichnis zeigt. Besonders erwähnen will ich Entwässerung und Straßenarbeiten. Mit Rücksicht auf den räumlich großen Kreis, an den sich das Buch wendet, wurde auch das Augenmerk auf allgemein übliche Bezeichnungen gerichtet. Es wird sich im Laufe der Zeit nicht umgehen lassen, daß all diese Bezeichnungen von einer amtlichen Stelle gleich gerichtet werden.

Wer sich heute die Mühe nimmt, mehrere einschlägige Bücher hinsichtlich der Werte zu vergleichen, wird vor einer verwirrenden Fülle abweichender Ziffern stehen, die besonders für den Anfänger unangenehm sind. Bei den Leistungen wären noch Gründe beizubringen, weniger bei den Angaben über den Baustoffbedarf. Ich bin der Meinung, daß auch diesbezüglich von einer Reichsstelle im Einvernehmen mit den Baugewerbeverbänden einmal Ordnung geschaffen wird. Dies macht aber noch immer nicht einen Behelf überflüssig, der die Möglichkeit vorsieht, die eigenen Erfahrungsziffern einzutragen.

Nicht unerwähnt will ich lassen, daß ich nach Tunlichkeit Fremdworte vermied.

Möge sich die fünfte Auflage zu den früheren Freunden neue erwerben und die Fachgenossen anregen, ihre Wünsche dem Verfasser bekanntzugeben, damit das Buch seinen Zweck erfülle: Ein Beitrag der Ostmark zu den gewaltigen Bauaufgaben des gemeinsamen Vaterlandes zu sein.

Eisenstadt, im September 1942.

Ing. A. Ilkow.

Erläuterungen zum Gebrauch der Tabellen.

In dem vorliegenden handlichen Behelf beabsichtigt der Verfasser die am Bau aufgewendeten Baustoffmengen und Arbeitszeiten in knapper, übersichtlicher Form festzuhalten. Die Tafeln geben daher weder Geringstmengen noch Höchstleistungen, sondern Durchschnitte, die aus beträchtlich schwankenden Grenzen gezogen sind. Dies gilt besonders für die Leistungsziffern, die von vielen Umständen beeinflußt werden: Umfang des Bauvorhabens, Verwendung maschineller Einrichtungen, Witterung, von der technischen Leitung, Tüchtigkeit der verwendeten Arbeitskräfte, vom Lohnsystem und nicht zuletzt von der Menschenführung. Todt sagt: „Die besten Leistungen wurden dort erzielt, wo der Bauleiter das meiste Verständnis für die Menschenführung hatte."

Der freie Raum im Tabellensatz und die unbedruckten Seiten ermöglichen die Eintragung abweichender Ziffern und damit die Anlage eines Kalkulationsbuches auf der einzig wertvollen Grundlage, der eigenen Erfahrung.

Die Tafeln geben jeweils zuerst die Baustoffmengen, dann die Arbeitsstunden. Die Abkürzungen für die Arbeitsstunden sind aus Tafel A ersichtlich, die vom Benützer durch Einsetzen der Stundenlöhne zu ergänzen ist. Tafel B ist für die Eintragung der Baustoffpreise bestimmt.

Um die Kosten einer Arbeit zu ermitteln, sind daher die in den Tafeln angegebenen Stunden mit dem Stundenlohn nach Tafel A, ferner die Baustoffmengen mit den Preisen der Tafel B (zuzüglich der Kosten der Zufuhr, des Auf- und Abladens, ev. Stapelns) zu vervielfachen und ein entsprechender Zuschlag für Unkosten und Gewinn zuzugeben. Abladezeiten sind aus Tafel C (gleichzeitig Waggontafel) zu entnehmen.

Die Unkosten sind nach Betrieben verschieden, werden sich aber etwa um 45% auf die Löhne und 10% auf die Baustoffe bewegen. Ein weiterer Zuschlag von 10% für Wagnis und Gewinn scheint angemessen, wird jedoch meist nicht erreicht.

Besonderes Augenmerk ist in den Tafeln dem Zeichen + zuzuwenden. Es bedeutet einen Zuschlag z. B. für Höhenstufe (Räume über 4.0 m Höhe oder nächstes Geschoß), für Arbeiten im Wasser usw., z. B. erfordert 1 m³ Ziegelmauerwerk im Erdgeschoß 4.1 M und 3 H. Im I. Stock kommt dazu der Zuschlag nach Tafel 13 von 0.1 M und 0.4 H, so daß das Mauerwerk im I. Stock erfordert: 4.2 M und 3.4 H.

Ein anderes Beispiel: Bruchsteinmauerwerk 50 cm stark erfordert für den m³ 4 M und 4 H, somit für den m² 2 M und 2 H, wozu ein Zuschlag für bündiges Mauern von 0.5 M kommt. Es würde sich daher der m² Bruchsteinmauer 50 cm stark stellen auf 2.5 M und 2 H. Für Verblendung je nach Ausführung würden weitere Zuschläge der Tafel 12 kommen.

Im übrigen sei noch folgendes erwähnt: Wenn nicht ausdrücklich anders vermerkt, liegt den Tafeln der Ziegel mit Normalformat 25/12/6.5 cm zugrunde.

Die Kosten des Bauwassers werden häufig von Anfängern vergessen.

Die Ausbeute von Kalken ist sehr verschieden.

Die Erläuterungen vor den einzelnen mit römischen Ziffern bezeichneten Abschnitten sind zu lesen.

Inhaltsverzeichnis.

A. Stundenlöhne.

B. Preise der wichtigsten Baustoffe.

C. Fassungsraum eines 10 t-Waggons. Abladezeiten.

A. Stundenlöhne.					**B.** Preise der Baustoffe.	
	der	Lohn	Regie %	Ein-heit	Baustoff	Preis
A	Anstreicher					
As	Asphaltierer					
B	Betonierer					
Br	Brunnenmach.					
D	Dachdecker					
E	Erdarbeiter					
F	Eisenflechter					
G	Glaser					
H	Handlanger M					
	„ Z					
Hf	Hafner					
K	Klempner					
M	Maurer					
	Fassade-M.					
Ma	Maler					
Ms	Maschinenst.					
P	Plattenleger					
R	Rohrleger					
S	Schlosser					
St	Steinmetz					
T	Tischler					
Ta	Tapezierer					
W	Weiber					
Z	Zimmermann					
Fuhr-werk	1-spännig					
	2-spännig					
Kraft-wagen	3 t					
	5 t					

B. Preise der Baustoffe.

Ein-heit	Baustoff	Preis	Ein-heit	Baustoff	Preis
Ein-heit	Baustoff	Preis	Ein-heit	Baustoff	Preis

C. Fassungsraum eines 10 t Waggons. Abladezeit in H.

Baustoff	Menge		Vom Waggon auf Fuhrwerk	v. Fuhrwerk auf Platz u. Lagern	Kippen allein
Aristosziegel 25/25/14.2	1 200	St	6	6	
Bakulagewebe	5 000	m²	12	12	
Bimskies	12	m³	6	6	1.5
Bimszementdielen 5 cm	225	m²	8	9	
„ stark 10 cm	112	„	7	8	
Bruchstein	5.5	m³	4.5	3.5	1.5
Deckenhohlziegel 10 cm	2 200	St	7	9	
Wenko, hoch 20 „	1 430	„	6	8	
Eisen, Rund-	10	t	10	10	
„ Walz-	10	t	12	10	
Ensoplatten st. 4.5 mm	3 160	m²	14	20	
3 × 1.4 m „ 10 „	1 730	„	12	18	
Fußbodenplatten 10/10	400	„	16	16	
„ 15/15	270	„	14	14	
Gipsdielen st. 5 cm	250	„	10	11	
„ 2.5 „	500	„	12	13	
Heraklithplatten 2.5 „	900	„	12	12	
„ 5 „	500	„	10	10	
„ 7.5 „	350	„	9	9	
„ 10 „	250	„	8	8	
Hochofenschlacke . . .	8	m³	5	4	1.5
Kalk, gebr.	11.5	„	5	5	
„ Sack-, ...	12	„	5	6	
„ Wasser-, ...	10.5	„	5	5	
Kalksandsteine d. F. .	2 500	St	5	4	
Kesselasche	11	m³	5	4	1.5
Kies	5.5	„	4.5	4	1.5
Klinker d. F.	2 500	St	7.5	9	
Korkplatten st. 4 cm ..	1 120	m²	12	12	
Sand, Gruben-	5.3	m³	4.5	4	1.5
„ Schlacken- . . .	7.5	„	5	4.5	1.5
Schamottesteine d. F. .	2 800	St	10	8	
Schlackensteine d. F. .	3 000	„	6	5	
Schwemmsteine st. 9.5	4 500	„	8	9	
„ „ 6.5	6 000	„	10	11	
Staußziegelgewebe . . .	2 500	m²	12	14	
Stuckgips	13	m³	5	5	
Tektonplatten 6 cm . .	525	m²	8	8	
Tonrohre ⌀ 10 „ . .	625	m	10	10	
„ ⌀ 25 „ . .	210	„	9	9	
„ ⌀ 50 „ . .	67	„	8	8	
Traßmehl	9.5	m³	5	5	
Zement, Portland- . .	7.2	„	5	6	
„ -platten 4.5 cm	85	m²	12	10	
Ziegel d. F.	3 200	St	4	3	
Bauholz, baumkantig .	19	m³	7	10	
Bohlen st. 46	400	m²	8	10	
Bretter st. 14	750	„	8	12	
„ „ 12	1 400	„	11	13	
Dachlatten 24/48 . . .	16 000	m	7	10	
Eichenholz, scharfk.. .	12.5	m³	7	10	
Fußleisten 14/100 . .	13 000	m	10	14	
Rundholzstützen . . .	1 800	„	10	12	
Schalbretter st. 24 . .	750	m²	7.5	7	
Spalierlatten 18/18 . .	60 000	m	7	10	
Staffel 65/85	3 465	„	7	10	

I. Erdarbeiten und Erdförderung.

Beispiel: Nach der folgenden Tafel 1 wird die Zeit für das Verkarren von 1 m³ gewachsenen Boden (von 20%iger Auflockerung) mit Schubkarren auf horizontaler Bahn und 60 m Förderweite ohne Zeit für das Aufladen, wie folgt, berechnet:

1 Schubkarren mit 0.065 m³ Inhalt benötigt für 60 m

Hinfahrt	1 Minute
Abladen und Pausen	1 ,,
Rückfahrt	1 ,,
Zusammen	3 Minuten

1 m³ lockerer Boden erfordert . . 3 Minuten : 0.065 = 46 Minuten
1 m³ gewachsener ,, ,, . . 46 ,, × 1.20 = 55 ,,

Beispiel: Für eine Förderweite von 120 m bei sonst gleichen Annahmen würde die Verkarrung von 0.065 m³ erfordern 5 Minuten
1 m³ lockerer Boden . . . . . . 5 Minuten : 0.065 = 77 ,,
1 m³ gewachsener ,, 77 ,, × 1.20 = 95 ,,

Beispiel: Der Längenzuschlag bei Handkippkarren beträgt 3.5 s + 20. Bei einer Förderweite von 200 m und einer Hebung von 2 m beträgt s = 2 : 200 × 100 = 1%. Daher Längenzuschlag für 1 m Hebung s = (3.5 × 1) + 20 = 23.5 m. Für die Gesamtförderweite von 200 m und 2 m Hebung beträgt der Zuschlag 2 × 23.5 = 47 m. Die Zeit wird daher für eine Förderweite von 247 m ermittelt.

1. Erdförderung.

	Schub-	Hdkipp.- karren	Cab mit 1 Pferd	Fuhrw. 2 Pferde	Rollbahn mit Mensch	1 Pferd	Lokom.
Geschwindigk./Min. m	60	70	75	65	60	72	250
Fördermittel- Anzahl	1	1	2	1	1	2	30
Einzelinhalt m³	0.065	0.33	0.5	1.5	0.5	1	1.5
Gesamt ,, m³	0.065	0.33	1	1.5	0.5	3	45
Förderer- Anzahl	1	2	1	1	1	1	.
Beladen Min.	2.5	5.5	(40)	(60)	20	(120)	.
Entladen u. Pausen Min.	1	6	9	15	9	15	25
Vorteilhaft bis m / ab m³	100	300	ab 300		500 / 10.000	ab 750 / 20.000	ab 1.000 / 50.000
Längenzuschlag/m Hebung oder Fall s %	3.25 s + 13 / 1.06 s − 9	3.5 s ± 20	5.2 s ± 25		38.7 s ± 80	35.6 s ± 71	eigene Kalkul.
Größte, zulässige Steigung %	10	6	6.5		4	3	je nach Lokom.

2. Lösen und Laden oder 2.5 m weit werfen.

m³ Grubenmaß		Weite Gruben >4 m	Enge Gruben und Gräben mit einer Tiefe von		
			2 m	2—4 m	4—6 m
Schlammiger Boden (Schöpfgefäße)	E	2.5—3.0	3.0—3.5		
Leichter Boden 20% (Schaufel, Spaten)	E	0.7—0.9	1.1	1.6	2.1
Mittlerer Boden 25% (Spitz-,Breithacke)	E	1.3—1.5	1.7	2.4	3.1
Fester Boden 30% (Keile)	E	2.4—2.6	2.7	3.6	4.5
Felsen, Auflockerung 40% (Sprengmittel)	E	4.0—6.0	5.5	6.0	7.0
+ Tiefenstufe	E	0.7—0.9	Bemerkung: Baggerbetrieb bis 10 m Tiefe erfordert in leichtem und mittlerem Boden etwa 3—3.5 H in schwerem Boden 3.5—4 H. Unterfangarbeiten + 100% auf Tafel 2.		
+ Aufladen auf hochbordige Wg.	E	0.2			
+ wasserhaltiger Boden	E	15—30%			

3. Absteifungen (Pölzungen) pro m².

Grubenbreite m			Baugrubentiefe m				
			2 m	2—4 m	4—6 m	6—8 m	
Senkrecht. Verbau 2 m		Z	1.3	2.2	3.3	4.6	
	Holz	m³	0.07	0.09	0.12	0.16	
5 m		Z	1.5	2.4	3.6	5.1	
	Holz	m³	0.07	0.10	0.14	0.18	
Waagrechter Verbau 2 m		Z	0.9	1.2	1.7		1 m³ Holz = 0.7 m³ Kantholz + 0.3 m³ Rundholz. Holzverlust etwa 20% Kleineisenzeug beachten!
	Holz	m³	0.055	0.075	0.085		
5 m		Z	1.1	1.8	2.4		
	Holz	m³	0.09	0.11	0.13		
10 m		Z	1.7	2.7	3.4		
	Holz	m³	0.12	0.17	0.20		
Abstützung zur Sohle		Z	1.1	2.0	4.1		
	Holz	m³	0.08	0.13	0.23		
Verbau zwischen I-Träger 5 m		Z		3.6	3.7		
	Holz	m³		0.07	0.08		
	Träger	kg		15	29		
10 m		Z		3.8	4.1		
	Holz	m³		0.11	0.13		
	Träger	kg		15	29		

4. Sand- und Schottererzeugung samt Schlichten oder Aufladen E.

m³ Sand-		Grubensand	Wassersand bis Tiefe		
			0.5 m	1 m	
	Gewinnen und Schlichten	1.5	2.5	3.5	Gitter-abnützung!
	Durchwerfen durch Gitter	weit	mittelweit	eng	
		0.75	1.1	1.25	
	Sieben für Mörtel von	Mauerwerk	Grobputz	Feinputz	
		3.5	4	4.5	Grundzins!
	m³ Schotter schlegeln	mittelfester	harter Stein	härtester	
		6	9	15—23	

5. Wasserschöpfen.

m³		Handgefäße	Saugpumpe	Diaphragmap.	Maschinell oder mit Heber
bis 2 m Höhe	H	0.8	0.2	0.1	eigens kalkulieren
pro 1 m Mehrhöhe	H	0.15	0.05		

6.

Pro	Arbeit	E od. H
m²	**Abdecken** von eingeebneten Flächen mit Rasen 10 cm stark	0.18
	„ „ „ „ „ „ 20 cm „	0.25
m²	**Abholzen** von Buschwerk	0.5
	Abladen eines 10 t Waggons leichten Bodens	3.5
	„ „ 10 t „ schweren „	4.0
m³	**Anschüttung** herstellen = gewinnen + aufladen + anführen + abladen + einebnen	
m²	**Aufbrechen** s. Packlage und Kopfsteinpflaster	
m³	**Aufladen** von Erde	0.7
m²	**Ausroden** von Wurzelstöcken von Buschwerk	0.4—0.9
m²	**Böschung** anlegen, ansäen und naß halten	0.2
m²	„ abdecken mit Rasenziegel 10 cm stark	0.25
m²	„ „ „ „ 20 cm „	0.35
m²	„ humusieren einschl. auftragen einer 10—15 cm starken Humusschichte, verführen des Materials innerhalb 25 m, Beigabe von 5 g Samen	0.8
m²	„ auflockern, pracken, besamen und naß halten	0.6
m²	**Einebnen** von Schüttflächen	0.1
m²	„ der Sohle von Baugruben in leichtem Boden	0.3
m²	„ „ „ „ „ „ mittlerem „	0.4
m²	„ von altem Boden samt verführen des Materials an Ort und Stelle	0.8
m¹	**Fällen** von Weichholz einschl. abästen (d in m)	d × 1.0
m¹	„ von Hartholz „ „ (d in m)	d × 1.3
m²	**Grasnarbe** s. Rasen stechen	
m³	**Hinterfüllung** in die nicht unterkellerten Räume einbringen und in 20 cm hohen Schichten stampfen	1.5
m²	**Humusboden** s. Mutterboden	
m²	**Kopfrasen** legen einschl. gewinnen und skarpieren der Böschung	2.0
m²	**Kopfsteinpflaster** aufbrechen	0.2
m³	**Lehmschlag** für Isolierungszwecke 15—20 cm stark herstellen mit Zufuhr des Materiales innerhalb 25 m, trocken	12.0
	„ „ „ „ „ 25 m, feucht	8.0
m³	**Mutterboden** abheben und auf 50 m verführen	1.2
m³	„ aus 50 m anführen und andecken	1.8
m²	**Rasen** stechen und seitlich stapeln (10 cm stark)	0.2
m²	„ „ „ „ „ (20 cm „)	0.3
m²	**Packlage** und Schotterlage aufbrechen 15 cm stark	0.4
m²	„ „ „ „ 20 cm „	0.6
m³	„ „ „ aufgebrochene durchwerfen	0.8
m²	„ „ „ durchgeworfene seitlich stapeln	0.9
m²	**Planieren** s. Einebnen	
m³	**Sortieren** von gesprengten Steinen	1.5
m²	**Stampfen** von bereits eingeebneten Boden	0.15
m³	**Trockenmauerwerk** für Gärten	4.5
m²	**Walzen** von bereits eingeebneten Boden	0.15
m³	**Waschen** von Sand oder Kies	3
m¹	**Wassergraben** bis 0.12 m² Querschnitt in mittlerem Boden ausheben	0.5
m³	**Werfen** von Erde, Schotter oder Schutt mit der Schaufel 2.5 m weit oder 1.5 m hoch	0.7

II. Maurerarbeiten.
IIa. Putz- und Stukkarbeiten.
IIb. Estrich- und Fliesenarbeiten.
III. Asphalt und Dichtungs-Arbeiten.
IV. Beton- und Eisenbetonarbeiten.

Die Angaben der folgenden Tafeln beziehen sich auf Ziegel im Normalformat 25./12/6.5 cm. Kleine Abweichungen davon, sowie stärkere oder schwächere Mörtelfugen verändern den Materialbedarf. Auf die Arbeitszeit sind geringfügige Abweichungen ohne Einfluß. Bei Ziegel wesentlich anderen Formates, z. B. größeren, alten österreichischen, kleineren holländischen usw. ist der Bedarf eigens festzustellen. Die Arbeitszeit wird bei kleineren Formaten etwas größer, bei größeren etwas kleiner als bei Normalformaten.

Mörtel- und Betonmischungen sind einwandfrei nur durch Versuch zu ermitteln. Güte der Kalke und Zuschlagstoffe beeinflussen Festigkeit und Ausbeute. Um ein Beispiel anzuführen: Besonders guter Kalk wird für den m³ gelöschten Weißkalk nur 380 kg Stückkalk erfordern.

In noch höherem Maße ist bei Betonmischungen auf das Versuchsergebnis Rücksicht zu nehmen. Es empfiehlt sich daher die Anlage einer eigenen, aus praktischen Versuchen gewonnenen Tafel für Mörtel- und Betonausbeute.

Die Mörtelmischungen in den Tafeln geben keine Norm, sondern eine übliche oder mögliche Ausführungsart an. Gegebenenfalls ist daher z. B. ein Kalkmörtel durch einen verlängerten Mörtel zu ersetzen. Vielfach erfreuen sich örtlich verschiedene Mörtel besonderer Beliebtheit (nach altem Brauch, besonderem Vorkommen, Preiswürdigkeit usw. z. B. Heukalk-, Kuhhaar-, Gips-, Karbidmörtel, Verwendung von Traßmehl, Hochofenschlacke u. dgl. m.).

Betondecken gelangen in einer fast unübersehbaren Anzahl von Patenten zur Ausführung. Es kann nicht Aufgabe dieses Buches sein, sie alle anzuführen. Der Verfasser hat sich daher mit einem Musterbeispiel begnügt, ohne damit ein Werturteil abzugeben. Entsprechender Raum zur Aufzeichnung anderer Decken ist vorgesehen.

Von neueren Baustoffen ist ausführlich das Heraklith berücksichtigt, das wegen seiner Vorzüge als Putzträger, wegen seiner hervorragenden Wärmeisolierung und schalldämpfenden Eigenschaft steigend verwendet wird.

Beispiel zur Ermittlung der Mörtelausbeute nach Tafel 8 für Weißkalkmörtel 1 : 2.

Bindemittel: 1 Teil Weißkalkteig gibt Ausbeute $= 1.0$ Teil
Wasser für 2 Teile Sand 2×0.1 $= 0.2$,,

Gesamtbindemittel (Summe) $= 1.2$,,
Hohlräume in 2 Teilen Sand 2×0.35 $= 0.7$,,

Überschuß an Bindemittel (Differenz) $= 0.5$,,
Zuschlagstoffe: Ausbeute von 2 Teilen Sand 2×0.95 $= 1.9$,,

Gesamtausbeute (Summe) $= 2.4$,,

d. h. 1 Teil Weißkalkteig $+ 2$ Teile Grubensand geben 2.4 Teile Mörtel oder 1 m³ Mörtel erfordert $1 : 2.4 = 0.416$ m³ Weißkalkteig
und $2 : 2.4 = 0.833$ m³ Grubensand.

Da die Bindemittel die Hohlräume übertreffen, ist der Mörtel als dicht zu bezeichnen.

8. Ausbeute und Hohlräume.

	Feste Be-standteile	Hohlräume	Wasserzusatz		Ausbeute
			fette	magere M.	
Weiß- (und Ätz-)kalkteig	1	0	0		1
Wasserkalkpulver	0.35	0.51	0.51		0.86
Portlandzement	0.47	0.38	0.38		0.85
gem. hydr. Kalk	0.33	0.56	0.51		0.84
Traßmehl	0.48	0.22	0.22		0.70
Gips	0.29	0.51	0.51		0.80
Grubensand z. B.	0.6	0.35	0.10	0.12	0.95
Schlackensand hell	0.26	0.42	0.12	0.14	0.68
,, normal	0.42	0.41	0.11	0.13	0.83
,, dunkel	0.53	0.39	0.10	0.12	0.92

9. Kalklöschen. 10. Mörtel aus

Es erfordert 1 m³		Kalkteig aus		Kalkpulver aus Wasserk	Schamotte-mehl*	Lehm*
		Weißkalk	Sack-Ätzk.			
Kalk bzw. *	kg	460	490	620	1820	1.2 m³
Wasser	m³	1.21	1.15	0.78	0.4	0.12
Zeit	H	2.3	0.7	1.1	12—15	2
Kalkgrube	H	1				4 kg Stroh

11. Mörtelerzeugung*.

m³		1 : 4	1 : 3	1 : 2½	1 : 2	1 : 1
Weißkalk	Kalkteig m³	0.26	0.32	0.36	0.42	0.59
	Grubensand m³	1.04	0.95	0.9	0.84	0.59
	Wasser m³	0.13	0.12	0.1	0.08	0.06
Wasserkalk	Kalkpulver m³	0.26	0.33	0.38	0.44	0.64
	Grubensand m³	1.05	1	0.96	0.89	0.64
	Wasser m³	0.26	0.28	0.29	0.31	0.35
hydr. Kalk	hydr. Kalk kg	260	330	380	440	590
	Sand m³	1.04	0.99	0.95	0.88	0.59
	Wasser m³	0.24	0.25	0.29	0.32	0.38
Portlandzem.	Portlandzement kg	370	466	532	616	900
	Sand m³	1.06	1.00	0.95	0.88	0.65
	Wasser m³	0.22	0.24	0.24	0.26	0.29

P : K : S		1 : 1 : 6	1 : 1 : 7	1 : 2 : 6	1 : 2 : 8	1 : 2 : 10
Portlandzementmörtel	Portlandzement kg	232	208	196	165	140
	Kalkteig m³	0.17	0.15	0.29	0.24	0.20
	Grubensand m³	0.99	1.04	0.89	0.95	1.00
	Wasser m³	0.17	0.17	0.15	0.15	0.15

P : K : S		1 : 3 : 6	1 : 3 : 8	1 : 3 : 10	1 : ½ : 5	
Verlängerter Portlandzementmörtel	Portlandzement kg	174	148	128	286	
	Kalkteig m³	0.37	0.32	0.28	0.10	
	Grubensand m³	0.74	0.84	0.92	1.03	
	Wasser m³	0.13	0.13	0.13	0.27	

K : S : G		1 : 2 : ⅕	1 : 3 : ⅕	1 : 3 : ¼	1 : 4 : ¼	Reiner Gipsmörtel
Mörtel mit Gips	Kalkteig m³	0.39	0.30	0.30	0.25	—
	Grubensand m³	0.77	0.91	0.90	0.99	—
	Stuckgips kg	60	47	68	48	970
	Wasser m³	0.12	0.12	0.13	0.13	0.64
Stukkaturmörtel		grob = 0.7 Weißkalkmörtel 1 : 2 + 0.3 Gipsmörtel fein = 0.6 ,, 1 : 1 + 0.4 ,,				*3—5 H

12. Gerades Bruchsteinmauerwerk (50 cm stark).

m³		Kalkmörtel 1:3	verl. Zementm. 1:1:5	Zementmörtel 1:3	+
Bruchstein	m³	1.25			m² Ansichtsfläche bündig mauern
Mörtel	l	370			
Fundament u.	M	4	4.1	4.2	0.5
Keller	H	3	3.1	3.2	
Erdgeschoß	M	4	4.1	4.2	Höhenstufe
	H	4	4.1	4.2	0.5

+ m²		30 cm stark mit bereits bearbeitetem Bruchstein			
		hammerrecht	h. u. Kantenschl.	Bossenquadern	zyklopartig
Verblendung	M	1.1	1.5	1.6	1.2

13. Gerades Ziegel-(Kalksandstein-, Schlackenstein-)Mauerwerk.

m³		Kalkmörtel 1:3	verl. Zementm. 1:2:6	Zementmörtel 1:3	+ Höhenstufe	Dachgeschoß einschl. Kamine
Ziegel (Steine d. F.) St.		380				
Mörtel	l	300				
Fundament u.	M	4	4.1	4.5		
Keller	H	2.5	2.6	3		
Erdgeschoß	M	4.1	4.2	4.6	0.1	1.5
	H	3	3.1	3.5	0.4	0.5

+ m²		m. ausgesuchten Ziegeln	mit Klinker in Zementmörtel 22/12/6.5	22/10.5/5.2	Beachten! Höherer Preis für Verblendsteine
Verblendung	M	0.4	0.7	1	
	H	0.2	0.4	0.5	

14. Gerades Schwemmsteinmauerwerk. 15. Öffnungen usw. in

m³		Kalkmörtel 1:3	verl. Zementm. 1:2:6	m³ Bruchsteinm.	Ziegelmauer	Schwemmsteinm.	m² ½ Stein st. Ziegelmauer
Steine 9.5×12×25 St		270					
Mörtel	l	180					
Erdgeschoß	M	3.5	3.6	3.5	3	3	1
	H	2.5	2.6	2.5	2.5	2	—
Höhenstufe	H	0.2		m Kante abschrägen 0.4 M			
Dachgeschoß	M	0.9		Unterfang- u. Pfeilermauerw.			
	H	0.3		100% Zuschlag auf Taf. 12, 13			

— 17 —

16. Hohlmauerwerk.

m³		Aus Ziegel mit 6 cm Luftschicht		Aristosziegel 25/25/14.2	E.-H.-Z. 12/18/25
		m. Drahtanker	m. Binderziegel		
Ziegel	St	340	355	100	155
Kalkmörtel 1 : 3	l	250		190	120
Drahtanker 4 mm stark	St	18	1 kg Teer	—	—
Erdgeschoß	M	4	4	2.5	3.3
	H	2.5	2.7	1.7	2.2
+ Höhenstufe	M	0.1			
	H	0.4			
+ Dachgeschoß	M	0.3			

m²		Bimsbetonhohlsteine 50/25 in Kalkm. 1:3 od. verl. M. 1:2:6 stark			
		12 cm	15 cm	20 cm	25 cm
Steine	St	8	8	8	5
Mörtel 1 : 3	l	9	12	16	20
Erdgeschoß	M	0.5	0.5	0.6	0.6
	H	0.2	0.3	0.3	0.4

m²		wie vor stark		Frewenhohlziegel 25/12 st.	
		30 cm	34 cm	25 cm	20 cm
Steine	St	8	8	30	30
Mörtel 1 : 3	l	24	30	25	20
Erdgeschoß	M	0.6	0.7	0.7	0.6
	H	0.5	0.6	0.35	0.3

m²		Tuho Hohlziegel stark			
		20 cm	25 cm	32 cm	38 cm
Steine	St	51	68	85	100
Mörtel 1 : 3	l	35	50	65	75
Erdgeschoß	M	0.75	0.8	1	1.75
	H	0.35	0.4	0.5	0.55

m²		No-Fo-T-Steine 25/25/19.5 st.		No-Fo-T-Steine 25/14/18 st.	
		27 cm	34.5 cm	25 cm	32 cm
Steine	St	29	29+29 Langl.	49	25+73 Verbl.
Mörtel 1 : 2 : 8	l	40	50	50	90
Erdgeschoß	M	0.9	1.1	0.9	1.4
	H	0.2	0.3	0.2	0.3

17. Fachwerk-(Riegel-)wände ausmauern (½ Stein stark) in

m²		*Eisenfachwerk mit		Holzfachwerk mit	
		Ziegel	Klinker* (1:1:6)	Ziegel	Schwemmstein.
Ziegel (Steine)	St	50	50	42	33
Kalkmörtel 1 : 3	l	36	36	28	25
Dreikantleisten 1''	m	—	—	2	2
Nägel, 45 mm lg.	St	—	—	10	15
Erdgeschoß (* bis 8 m Höhe)	M	0.9	1.0	0.6	0.75
	H	0.6	0.7	0.4	0.5
+ Höhenstufe	M	0.3		0.15	
	H	0.2		0.1	

18. Kaminmauerwerk (Dunstrohre, Entlüftungsrohre 14/27).

1 stgm.			1-zügig	2-zügig	3-zügig	4-zügig
im Mauerwerk + auf Mauerwk.	Putzm. 1 : 3	l	15	30	45	60
	Zeit	M	0.25	0.5	0.75	1
Freistehend od. in ½ Stein-M.	Ziegel	St	65	111	157	213
	Kalkm.* 1 : 3	l	45	77	109	141
	Putzm. 1 : 3	l	15	30	45	60
	unter Dach	M	1.7	2.7	3.3	3.9
		H	1.0	1.5	1.9	2.2
	über Dach * in Zem. M.	M	2.5	3.5	4.1	4.7
		H	1.2	1.7	2.1	2.4
+	Kaminplatte	M	1.5	2	2.5	3
	Zugverstärker	M	2 und 5 l Zementmörtel 1 : 3			

19. Gaskamine.

1 stgm.			Tonrohr ⌀ 12.5	Eternit 14/14	Ziegel 14/14
Freistehend oder in ½ Stein st. Mauer	Rohr	m	1.05		53 Ziegel
	Kitt	kg	0.75	0.2	42 l M 1:1:6
	Rohrhaken	St	1	—	13 l Putzm.
	unter Dach	M	0.7	0.5	1.4
		H	0.3	0.2	0.9

20. Zwischenwände unverputzt.

Ziegelwände

m²		½ Stein stark in		¼ Stein stark	+
		Kalkm. 1 : 3 od. verl. M. 1 : 2 : 6	Zementmörtel 1 : 4*	verl. Zementm. 1 : 2 : 10	
Ziegel	St	52		32	* 2.6 m Bandeisen $^1/_{25}$ mm
Mörtel	l	32		16	Dachgesch.
Erdgeschoß	M	0.6	0.7	0.7	0.1
	H	0.4	0.4	0.3	0.2

Schwemmsteinwände

m³		12 cm stark	10 cm stark	6.5 cm stark	
		Kalkm. 1 : 3 od. verl. M. 1 : 1 : 6	verl. M. 1 : 1 : 6	verl. M. 1 : 1 : 6	
Steine 12/25/9.5	St	36	31	30	
Mörtel	l	26	22	16	Dachgesch.
Erdgeschoß	M	0.7	0.6	0.6	0.1
	H	0.4	0.35	0.3	0.1

Gips, Zementdielen

m²		Bimszementdielen		Gipsdielen	
		5 cm stark Zem. M. 1 : 4	7 cm stark Zem. M. 1 : 4	6 cm stark Gipskalkm. 1 : 3 : ¼	
Dielen	m²	1.1**		1.05	**6 Nägel 4''
Mörtel	l	8	10	8	
Erdgeschoß	M	0.7	0.8	1	
	H	0.3	0.3	0.5	

Hohlsteinwände

m²		Düwa Hohlsteine verl. M. 1 : 3 : 6	Bimshohlsteine 10 cm stark M. 1 : 2 : 10	Tuchohohlziegel 12 cm stark 1 : 1 : 6	
Steine	St	7	8	34	
Mörtel	l	4	18	22	
Rundeisen ⌀ 10	m	1	—	—	
Erdgeschoß	M	0.5	0.8	0.6	
	H	0.25	0.5	0.3	

Drahtputzwände

m² verputzt		Rabitzwand stark		Staußziegelwand 5 cm stark	
		6 cm in Gipskalkm. 1 : 3 : ¼	5 cm in Zem. M 1 : 3	in Gipskalkm. 1 : 3 : ¼	in verl. M. 1 : 1 : 6
Gewebe	m²	1.1		1.05	
Mörtel / Putzmörtel 1 : 2.5	l	55 / 15	45 / 15 (1 : 4)	55 / 15	
Rundeisen ⌀ 6 mm	kg	4 und 0.6 Draht und 8 Stück Krampen			
Erdgeschoß	M	2.0	3.0	2.0	2.5
	H	1.0	1.0	1.0	1.0

21. Decken.

m²		Ziegelkappen zw. I-Träger		Wenkohohlsteine 25/25 stark	
		¼ Stein	½ Stein	13 cm	15 cm
Schalung	m²	1		1	
Steine	St	32	56	16	16
Mörtel 1 : 1 : 6	l	20	40	25	30
Rundeisen	kg	—	—	3.5	4
Erdgeschoß	M	0.8	1.2	1.4	1.6
	H	0.5	0.6	0.7	0.7

m²		Schwemmsteine zw. I-Träger st.		Kleinesche Hohlsteine 10/15/25 st.	
		10 cm	12 cm	10 cm	15 cm
Schalung	m²	1		1	
Steine	St	30	36	28	36
Mörtel 1 : 1 : 6	l	18	28	30	36
Bandeisen	m	7	8	7	9.5
Erdgeschoß	M	0.8	1	1.3	1.6
	H	0.4	0.5	0.7	0.8

m²		Hourdis-decke st.	Terrastd.m.Rippenstreckmetall	Bimsbetonpl. zw. I-Träger	
Schalung	m²				
Steine	St	5	60 l Bet. 1:6	1.05 m²	
Zem.-Mörtel 1 : 3	l		20	8 (1 : 1 : 6)	
Rundeisen	kg		1.6 u. 15 Kr.		
Erdgeschoß	M		1.3	0.4	
	H		0.7	0.3	
+ Höhenstufe	H	0.1			
+ Beschüttung	H	0.3 und 100 l Acshe u. dgl.			

22. Ziegelgewölbe ohne Hintermauerung.

m² abgewickelt		Tonnengewölbe stark			Kreuzgewölbe
		½ Stein	1 Stein	1St.m.V.Rippen	½ Stein st.
Ziegel	St	52	100	115	54
Mörtel	l	38	90	95	40
Zeit	M	3.2	4.5	5.5	4
	H	1	1.5	2	1

23. Ziegelpflaster, Bruchsteinpflaster in

m²		Sandbett vergossen mit		Mörtel 1:1:6 mit Z. M.	Klinker ausgegossen u.verfugt
		Sand 5 cm	Mörtel		
Flachschichtpflaster (Liegend)	Sand od. Asche *l*	60	50	20	20
	Ziegel St	32	32	32	32
	Zem.-M. 1:4 *l*	—	10	10	10
	verl. M. 1:1:6 *l*	—	—	20	20
	Erdgeschoß M	0.6	0.65	0.7	1.5
	Erdgeschoß H	0.3	0.35	0.4	0.5
	+ m Rinne M	0.2	0.2	0.3	0.3
Hochkantpflaster (Stehend)	Sand od. Asche *l*	70	50	30	30
	Ziegel St	55	55	55	55
	Zem.-M. 1:4 *l*	—	20	20	20
	verl. M 1:1:6 *l*	—	—	20	30
	Erdgeschoß M	1.2	1.2	1.3	2
	Erdgeschoß H	0.5	0.6	0.6	0.7
	+ m Rinne M	0.4	0.4	0.5	0.5
+ Tiefenstufe H		0.1—0.15			

m²		1 Flachschicht	2 Flachschichten	25cm Abzugskanal m. Betonrost	Bruchstein pfl. 25 cm st.
Wasserdicht mit 2½ cm Estrich	Ziegel St	32	64	32	0.3 m³ Bruchstein
	Zem.-M. 1:2.5 *l*	55	75	33 (1:1:6)	80 (1 : 4)
	Keller M	0.8	1.2	1	1.3
	Keller H	0.7	1	0.5	1.0

24. Dämmplatten (Wände).

m²		Tekton 6 cm verl. M 1:2:8	Torfoleum 3cm Zem. M 1:1	Kork 2 cm 1:2:6	Dachschräge m. Zem. Dielen 1:4
Platten m²		1.05	1.1+1.1 Rabitzgewebe	1.05	1.1
Zem.-M. *l*		4	5	12	8
Putzmörtel 1:4 *l*		—	15	—	—
Nägel 100 mm St		4	12	—	20
Zeit	M	0.5	1.2	0.4	0.6
Zeit	H	0.3	0.8	0.2	0.4

25. Mauerabdeckungen.

lfm.		mit Rollschar breit			Steinplatten 45 × 6
		1 Stein	1½ Stein	2 Stein	
Ziegel	St	14	21	28	1 m
Zementmörtel 1:3	l	10	15	20	10
Zeit	M	1.3	1.5	1.7	0.7
	H	0.9	1.0	1.1	0.5

26. Vormauerungen.

Lisennen

+ auf Mauerwerk		unbehauen mit		abgeschrägt mit	
		2 Kanten	4 Kanten	1 Kante	3 Kanten
stgm.	M	0.35	0.75	0.7	1.0

Gesimse

lfm.		1-schichtig	2-schichtig oder Rollschar	3-schichtig	4-schichtig mit Zementpl. 1 m²
Ziegel	St	2	6	12	30
verl. M. 1:2:6	l	2	5	10	30
unbehauen	M	0.2	0.3	0.6	1.7
	H	0.1	0.2	0.4	1.0
Ziegel	St	3	7	13	32
verl. M. 1:2:6	l	2	5	10	30
abgeschrägt	M	0.35	0.5	1	2.3
	H	0.1	0.2	0.5	1.2

27.

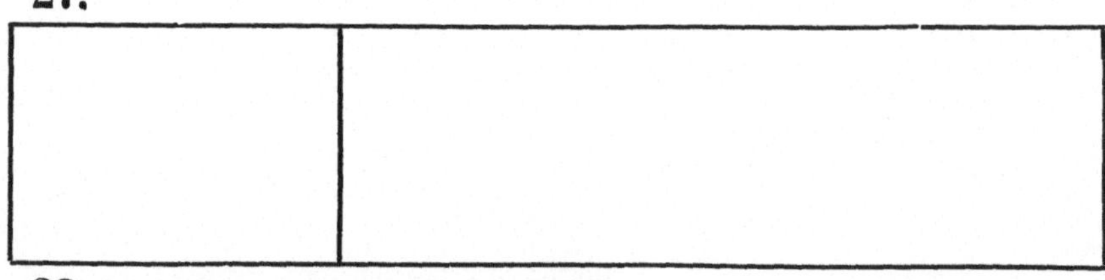

28. Waschküchenherd (in Ziegelrohbau).

Pro Stück		90 × 90 mit 1 Kessel	90 × 170 mit 2 Kessel	+ Eisenzeug
Ziegel	St	200	350	Kessel mit Kesselblech
Mörtel 1:3	l	150	280	Heiz- und Aschentüre
Lehm	l	150	250	Feuerungsrohr
Zeit	M	10	16	Eckschienen
	H	5	8	Fußtritt

29. Versetzarbeiten.

	Gegenstand	M	H	l Z. M. 1 : 2	+
1 lfm. Stufen	beiderseits aufliegend	0.9	0.5	2	3 l 1 : 1 : 6
1 lfm. Stufen	freitragend, samt Stemmarbeit	2.2	1.2	12	
1 m² Podeste	beiderseits aufliegend	3.6	3	10	
1 m² Podeste	freitragend, samt Stemmarbeit	6.6	3.3	20	
m	Kantenschutz b. Stufen 30/30/3	0.5		1	
m	Steinschwelle	2.8	1.7	10	
St	Fußabstreifer 100/50 samt Geschränke	2.8	1.7	25	40 l Bet. 1 :8
t	eiserne Träger verlegen und vermauern	10	6		Hstf.
t	eiserne Stützen	20	15		Hstf.
q	eiserne Schließen	2	2		
St	Säulenfußplatte 50/50 samt vergießen	1.2	0.8	16	
St	Schraube, Haken, Dübel, Schließauge	0.15			.
m	Träger m. Zem.Milch streichen bis I 20	0.1		0.2 Zement	
kg	Kleineisenzeug	0.1			
St	eis. Kellerfenster 60/90	1.3	0.7	5 (1 : 3)	
St	Lichtschachtrost s. Rahmen 50/80	1.3	0.7	8 ,,	
St	Eckschutz 30/30/3 einputzen	0.8		3 ,,	2 l Putzm. 1:3
St	Gardinenhülse	0.2		0.3 ,,	0.3 l ,,
St	Kaminputztürl 17/20	0.5		1 (1 : 1 : 6)	
St	Rußkasten mit Lade	1.2		2 ,,	
St	Ofenrohrstein 10 cm st	0.3		1 ,,	
St	Entlüftungsklappe	0.7		1 ,,	
m	Schlitz 13/18 decken	0.4	0.1	2 ,,	0.2 m² Dielen
Türstock	bis 2 m²	2	1	20 K.M. 1:3	
Türstock	über 2 m²	3	1.5	30 ,,	
Fensterstock	bis 1.5 m²	3	1.5	10 ,,	
Fensterstock	über 1.5 m²	4	2	15 ,,	
St	Fensterbrett einputzen	0.8	0.3	5 ,,	

30. Abbruch- und Stemmarbeiten.

	m³		M	H	m³ Schutt	Anmerkung
Abbrechen	Bruchstein	Kalkm.	3	3	0.7	
Abbrechen	Ziegel in	Kalkm.	2	3	0.4	
Durchb.	„ Zementm.		4	3.5	1.1	
Durchb.	„ Kalkm.		4	3	0.5	
Durchb.	„ Zementm.		8	4	1.2	

	m²		M	H	m³ Schutt	
Ausstemmen	Nischen in Ziegelmauerwerk mit Kalkmörtel stark Stein	½	1.5	0.4	0.15	
Ausstemmen	Nischen in Ziegelmauerwerk mit Kalkmörtel stark Stein	1	2.2	0.8	0.25	
Ausstemmen	Nischen in Ziegelmauerwerk mit Kalkmörtel stark Stein	1½	3	1	0.40	
Ausstemmen	m Schlitz 13/13		0.9	—	—	
Abschlagen	Stukkaturp.	Kalkm.	0.25	0.25	0.05	
Abschlagen	Wandputz in	Kalkm.	0.2	0.1	0.05	
Abschlagen	„ in Zementm.		0.5	0.3	0.05	
Weißigung abscheeren			0.05	0.05	—	
Tapeten abkratzen und Wände waschen			—	0.2—0.4	—	
m² Pflaster Aufbrechen	Liegende Ziegel in	Kalkm.	0.25	0.25	0.1	
m² Pflaster Aufbrechen	Liegende Ziegel in	Zem. M.	0.4	0.4	0.15	
m² Pflaster Aufbrechen	Stehende Ziegel in	Kalkm.	0.4	0.7	0.2	
m² Pflaster Aufbrechen	Stehende Ziegel in	Zem. M.	0.6	0.8	0.25	
m² Pflaster Aufbrechen	Schlackenbeton		0.6	0.6	0.12	
m² Pflaster Aufbrechen	Kiesbeton 10 cm		1.0	0.6	0.15	
m² Pflaster Aufbrechen	Terrazzo		1.0	0.7	0.15	
m² Pflaster Aufbrechen	Bruchsteinpfl.		0.5	0.7	0.3	
m² Pflaster Aufbrechen	Holzstöckelpfl.		0.2	0.6	0.15	
m² Pflaster Aufbrechen	Asphaltbelag		0.1	0.2	—	
m² Pflaster Aufbrechen	Zementplatten		0.3	0.2	—	
m² Pflaster Aufbrechen	Bretterfußboden		0.3	0.2	—	
100 Abbruchziegel putzen			—	1.8	0.02	

Anmerkung: Die Abbrucharbeiten verstehen sich einschl. Reinigung, Schlichtung und Abfuhr des Materiales bis 20 m und Auflanden des Schuttes. Der Abbruch alter Gebäudeteile an Stellen, wo ein Neubau errichtet wird, wird gewöhnlich gegen Überlassung des rückgewonnenen Materiales an den Unternehmer, der das brauchbare Material beim Neubau verwenden kann, ohne weitere Kosten übergeben.

31. Bemerkung zu den Tafeln über Heraklith.

In den Tafeln 32 bis 35 bedeutet das Zeichen K mit Index die Berufung auf das gleiche Zeichen der von der öst.-amerikan. Magnesit A.-G. Radenthein herausgegebenen, unentgeltlich erhältlichen Technischen Anleitungen.

Die unter „Wärmeschutz cm" angeführten Zahlen geben die Stärke einer hinsichtlich Wärmeschutz gleichwertigen Vollziegelmauer an.

Der Schallschutzwert ist in „Sabine", die Schalldämpfung in „Phon" angegeben.

In den erwähnten Technischen Anleitungen sind die zugehörigen Konstruktionen bildlich dargestellt.

32. Heraklithwände.

m²	Zwischenwände		Ausfachung von Riegelwänden		Trockenlegung feuchter Wände
	einfach	doppelt schalldicht	Holz	Eisen	
Plattenstärke cm	5 / 7½ / 10	3½ / 5+5	2½ / 5	7½ / 10	2½ / 3½ / 5
Platten m²	1	1+1	1.05 / 1	1	1.05
Mörtel 1:2 — Weißkalk- l	2½ / 3¾ / 5	4¼ / 5	10 / 2½	3¾ / 5	6 (1:3)
Mörtel 1:2 — Zement- l					2
verzinkte St			10 / 12		16 / 13 / 10
Drahtstifte Lg		1 dkg Stifte und 1 m² Pappe	70 / 90		60 / 70 / 90
Beilagscheiben St			10 / 12		16 / 13 / 10
Latten 8/5 oder 8/6 m					2 / 1.5 / 10
Mauerhaken St					2
Zeit M	0.16	0.3	0.3 / 0.2	0.2	0.36 / 0.32 / 0.3
Zeit H	0.08	0.15	0.15 / 0.1	0.1	0.18 / 0.16 / 0.15
Zeit Z	.	.	.	.	0.15
Phon.	49	58			
Wärme cm	76	91	112	78 / 104	
Zeichen	K 17	K 18	K 2	K 5	K 12

33. Verbesserung der Raumakustik.

m²		Wände		Decken	
Herakustikpl.	St	4			
verzinkte	St	17			
Drahtstifte	Lg	70			
Latten 8/5	m	2	—		2
Mauerhaken	St	4	—		4
Leimgips oder Schnellbinder	l	—	12—14		—
Zeit M		0.08	0.26	0.36	0.26
Zeit H		0.2	0.13	0.18	0.13
Zeit Z		0.1	.	.	0.1
Sabine		0.56			
Zeichen				K 26	

34. Wandverkleidung.

<table>
<tr><th rowspan="3">m²</th><th colspan="16">innenseitig auf</th><th colspan="9">beiderseitig</th></tr>
<tr><th colspan="2" rowspan="2">Ziegelm.
1 Stein st.</th><th colspan="2" rowspan="2">Bruchst.
50 cm st.</th><th colspan="2" rowspan="2">Riegel-
mauerw.</th><th colspan="4" rowspan="2">Eisenbetonwand
ohne | mit
Pfeiler</th><th colspan="6">Blockwände</th><th colspan="5" rowspan="2">Holzfachwerk
nicht ausgemauert</th><th rowspan="2">Beton-
gerippe</th><th colspan="3" rowspan="2">Eisen-
fachwerk</th></tr>
<tr><th colspan="3">neu</th><th colspan="3">alt</th></tr>
<tr><td>Plattenstärke cm</td><td>3½</td><td>5</td><td>3½</td><td>5</td><td>3½</td><td>5</td><td>5</td><td>7½</td><td>2½</td><td>5</td><td>2½</td><td>3½</td><td>5</td><td>2½</td><td>3½</td><td>5</td><td>2½+2½</td><td>2½+3½</td><td>3½+3½</td><td>3½+5</td><td>5+5</td><td>5+7½</td><td>5+2½</td><td>5+3½</td><td>5+5</td></tr>
<tr><td>Platten m²</td><td colspan="10">1</td><td colspan="3">1.05</td><td colspan="3">1</td><td colspan="9">1. u 1.05</td></tr>
<tr><td>Mörtel l: Weißkalk 1:2</td><td colspan="4">—</td><td>1¾</td><td>2½</td><td colspan="4">—</td><td>1¼</td><td>1¾</td><td>2½</td><td>1¼</td><td>1¾</td><td>2½</td><td>2½</td><td>3</td><td>3½</td><td>4</td><td>5</td><td>6½</td><td>3¾</td><td>4¼</td><td>5</td></tr>
<tr><td>Mörtel l: v. M. 1:1:6</td><td>8½</td><td>9½</td><td>9</td><td>10</td><td>7½</td><td>8½</td><td colspan="4">—</td><td colspan="3">—</td><td colspan="3">—</td><td colspan="5">—</td><td>.</td><td colspan="3">—</td></tr>
<tr><td>verzinkte St</td><td colspan="6">3</td><td colspan="4">—</td><td>16</td><td>13</td><td>10</td><td colspan="3">10</td><td colspan="5">26 | 20</td><td>10
10</td><td colspan="3">4 Hakenklammern</td></tr>
<tr><td>Drahtstifte Lg</td><td colspan="6">100—120</td><td colspan="4">3 dkg. Nägel u. Draht</td><td>60</td><td>70</td><td>90</td><td>70</td><td>80</td><td>90</td><td colspan="5">60 | 70 | 90</td><td>100
120</td><td colspan="3">4 Plattenklamm.</td></tr>
<tr><td>Beilagsch. St</td><td colspan="2">—</td><td colspan="2">—</td><td colspan="2">—</td><td colspan="4">—</td><td>16</td><td>13</td><td>10</td><td colspan="3">10</td><td colspan="5">26 | 20</td><td>20</td><td colspan="3">—</td></tr>
<tr><td>Latten 3/8 cm m</td><td colspan="2">—</td><td colspan="2">—</td><td colspan="2">—</td><td colspan="4">1.5 Kanth. 10/12</td><td>2</td><td>1.5</td><td>1</td><td colspan="3">—</td><td colspan="5">—</td><td rowspan="2">2m Pfosten 5 dkg Nägel</td><td colspan="3">—</td></tr>
<tr><td>Nägel lg. 80 St</td><td colspan="2">—</td><td colspan="2">—</td><td colspan="2">—</td><td colspan="4">0.3 m² Pfosten</td><td>4</td><td>3</td><td>2</td><td colspan="3">—</td><td colspan="5">—</td><td colspan="3">—</td></tr>
<tr><td>Zeit — M</td><td colspan="2">0.38</td><td>0.4</td><td>0.42</td><td>0.38</td><td>0.4</td><td>0.3</td><td>0.32</td><td>0.3</td><td>0.32</td><td>0.16</td><td>0.14</td><td>0.12</td><td>0.12</td><td>0.14</td><td>0.16</td><td colspan="5">0.25 | 0.3</td><td>1</td><td>0.3</td><td>0.32</td><td>0.34</td></tr>
<tr><td>Zeit — H</td><td colspan="2">0.19</td><td>0.2</td><td>0.21</td><td>0.19</td><td>0.2</td><td>0.15</td><td>0.16</td><td>0.15</td><td>0.15</td><td>0.08</td><td>0.07</td><td>0.06</td><td>0.06</td><td>0.07</td><td>0.08</td><td colspan="5">0.13 | 0.15</td><td>0.5</td><td>0.5</td><td>0.16</td><td>0.17</td></tr>
<tr><td>Zeit — Z</td><td colspan="2">.</td><td>.</td><td>.</td><td>.</td><td>.</td><td>0.15</td><td>0.2</td><td>0.10</td><td>0.10</td><td>0.12</td><td>0.10</td><td>0.08</td><td>.</td><td>.</td><td>.</td><td colspan="5">.</td><td>0.2</td><td>.</td><td>.</td><td>.</td></tr>
<tr><td>Wärmeschutz cm</td><td>74</td><td>89</td><td>63</td><td>78</td><td>62</td><td>77</td><td>62</td><td>87</td><td>38</td><td>62</td><td>83</td><td>93</td><td>108</td><td>70</td><td>80</td><td>95</td><td>69</td><td>79</td><td>89</td><td>104</td><td>119</td><td>143</td><td>94</td><td>104</td><td>119</td></tr>
<tr><td>Zeichen</td><td colspan="2">K 10</td><td colspan="2">K 6</td><td colspan="2">K 8</td><td colspan="4">K 9</td><td colspan="3">K 3</td><td colspan="3">K 11</td><td colspan="5">K 1 u. K 19</td><td>K 7</td><td colspan="3">K 4</td></tr>
</table>

35. Decken mit Heraklith.

<table>
<tr>
<th colspan="3" rowspan="3">m²</th>
<th colspan="9">Heraklithuntersicht bei Tramdecken u. Tramentfernung cm</th>
<th colspan="6">Gewölbeisolierung</th>
<th colspan="6">Rippendecken</th>
<th colspan="4">Schallisolierung auf Massivdecken</th>
</tr>
<tr>
<th colspan="2" rowspan="2">33.3</th>
<th colspan="3" rowspan="2">50</th>
<th colspan="2" rowspan="2">66.5</th>
<th colspan="2" rowspan="2">100</th>
<th colspan="2" rowspan="2"></th>
<th colspan="4">zwischen I-Träger u. Tragl-entfernung</th>
<th colspan="2">ebene</th>
<th colspan="2">ohne</th>
<th colspan="2">mit</th>
<th colspan="2" rowspan="2">Sand</th>
<th colspan="2" rowspan="2">Mörtel</th>
</tr>
<tr>
<th colspan="2">67</th>
<th colspan="2">100</th>
<th colspan="2">Unter-sieht</th>
<th colspan="4">Rippenisolierung</th>
</tr>
<tr>
<td></td><td>Plattenstärke</td><td>cm</td>
<td>1</td><td>1½</td><td>1½</td><td>2½</td><td>3½</td><td>2½</td><td>3½</td><td>3½</td><td>5</td>
<td>3½</td><td>5</td><td>3½</td><td>5</td><td>3½</td><td>5</td>
<td>3½</td><td>5</td><td>3½</td><td>5</td><td>3½</td><td>5</td>
<td>3½</td><td>5</td><td>3½</td><td>5</td>
</tr>
<tr>
<td></td><td>Platten</td><td>m²</td>
<td colspan="9">1.05</td>
<td colspan="6">1</td>
<td colspan="2">1.05</td><td colspan="4">1</td>
<td colspan="4">1</td>
</tr>
<tr>
<td rowspan="2">Mörtel 1:2</td><td>Bandagen-</td><td>l</td>
<td colspan="2">1.2</td><td colspan="7">1</td>
<td colspan="2">1</td><td colspan="2">4</td><td colspan="2">3.5</td>
<td colspan="6">1</td>
<td colspan="4">.</td>
</tr>
<tr>
<td>Fugen-</td><td>l</td>
<td></td><td></td><td></td><td></td><td>2</td><td></td><td>2</td><td>2</td><td>2.5</td>
<td>7.5</td><td>8</td><td colspan="4">Zementmörtel 1:2 m-Schnellbinderzus.</td>
<td colspan="6">.</td>
<td colspan="4">2</td>
</tr>
<tr>
<td></td><td>verzinkte</td><td>St</td>
<td colspan="2">22—25</td><td colspan="3">16</td><td colspan="2">13</td><td colspan="2">10</td>
<td colspan="2">6</td><td colspan="2">13</td><td colspan="2">10</td>
<td colspan="2">10</td><td colspan="4">.</td>
<td colspan="2">30 l</td><td colspan="2">15 l</td>
</tr>
<tr>
<td></td><td>Drahtstifte</td><td>Lg</td>
<td colspan="5">60</td><td>70</td><td>60</td><td>70</td><td>90</td>
<td colspan="2">Mauer-haken</td><td>70</td><td>90</td><td>70</td><td>90</td>
<td>70</td><td>90</td><td colspan="4">.</td>
<td colspan="2">Sand</td><td colspan="2">verl. M.</td>
</tr>
<tr>
<td></td><td>Beilagscheiben</td><td>St</td>
<td colspan="2">22—25</td><td colspan="3">16</td><td colspan="2">13</td><td colspan="2">10</td>
<td colspan="2">.</td><td colspan="2">13</td><td colspan="2">10</td>
<td colspan="2">10</td><td colspan="4">.</td>
<td colspan="4">1 : 1 : 6</td>
</tr>
<tr>
<td></td><td>Bandagen 8 cm breit</td><td>m</td>
<td colspan="9">2.5</td>
<td colspan="2">3</td><td colspan="4">2.5</td>
<td colspan="6">2.5</td>
<td colspan="4"></td>
</tr>
<tr>
<td></td><td>Latten 5/8 oder 6/8</td><td>m</td>
<td colspan="3">.</td><td colspan="3">.</td><td colspan="3">.</td>
<td colspan="2">.</td><td colspan="2">1.5</td><td colspan="2">1</td>
<td colspan="2">2</td><td colspan="2">.</td><td colspan="2">.</td>
<td colspan="4"></td>
</tr>
<tr>
<td></td><td rowspan="3">Zeit</td><td>M</td>
<td>0.4</td><td>0.36</td><td>0.34</td><td colspan="2">0.36</td><td>0.3</td><td>0.32</td><td>0.26</td><td>0.28</td>
<td colspan="2">0.4</td><td colspan="2">0.4</td><td colspan="2">0.3</td>
<td>0.26</td><td>0.28</td><td>0.18</td><td>0.2</td><td>0.24</td><td>0.26</td>
<td colspan="2">0.24</td><td colspan="2">0.20</td>
</tr>
<tr>
<td>H</td>
<td>0.2</td><td>0.18</td><td>0.17</td><td colspan="2">0.18</td><td>0.15</td><td>0.16</td><td>0.13</td><td>0.14</td>
<td colspan="2">0.2</td><td colspan="2">0.2</td><td colspan="2">0.15</td>
<td>0.13</td><td>0.14</td><td>0.09</td><td>0.1</td><td>0.12</td><td>0.13</td>
<td colspan="2">0.12</td><td colspan="2">0.10</td>
</tr>
<tr>
<td>Z</td>
<td>.</td><td>.</td><td>.</td><td colspan="2">.</td><td>.</td><td>.</td><td>.</td><td>.</td>
<td colspan="2">.</td><td colspan="2">.</td><td colspan="2">.</td>
<td>.</td><td>.</td><td>.</td><td>.</td><td>.</td><td>.</td>
<td colspan="2">.</td><td colspan="2">.</td>
</tr>
<tr>
<td></td><td>Phon</td><td></td>
<td colspan="9"></td>
<td colspan="6"></td>
<td colspan="6"></td>
<td>.</td><td colspan="2">29.9</td><td>.</td>
</tr>
<tr>
<td></td><td>Anmerkung</td><td></td>
<td colspan="9"></td>
<td colspan="6">Ebene Untersicht</td>
<td colspan="6">ab-gewickelt</td>
<td colspan="4"></td>
</tr>
<tr>
<td></td><td>Zeichen</td><td></td>
<td colspan="9">K 22</td>
<td colspan="6">K 24</td>
<td colspan="6">K 23</td>
<td colspan="4">K 29</td>
</tr>
</table>

36. Wandputz auf Ziegelmauerwerk.

Fugenputz außen

m²		Fugenverstrich Weißkalk 1 : 3	Ausfugen verl. M. 1:2:10	F. verbrämen Zem. M. 1 : 2	Bruchstein ausfugen Z. M. 1 : 2
Mörtel	l	5	8	9	15
Salzsäure	l	—	0.2	0.2	0.2
Zeit	M	0.3	0.7	0.9	0.7
Zeit	H	0.2	0.3	0.5	0.3

Außenputz in Z. M.

m²		2 cm stark Kellergeschoß	1.5 cm stark Erdgeschoß	2.5 cm stark in 2 Schichten	2 cm stark in Senkgrube
Zem. M. 1 : 3	l	25	20	30	25 (1 : 2)
Dichtungsmittel kg		—	—	0.2	0.4
Zeit	M	0.6	0.65	0.7	0.8
Zeit	H	0.5	0.4	0.5	0.4

Grobputz innen

m²		Rapputz mit Weißkalkmörtel —	mit verreiben	Unterputz für Wandpl.Zem.M.
Mörtel 1 : 4	l	10	15	15
Zeit	M	0.3	0.3	0.3
Zeit	H	0.1	0.2	0.2

Glatter Wandputz

m²		Ziegelwand	Zementdielen	auf Fachwerkwänden	
Mörtel 1:3 grob	l	18	—	18 und	2 Heukalkm.
Mörtel 1:3 fein	l	8	15	8	0.4 m² Draht-
Zeit	M	0.5	0.3	0.6	Geflecht
Zeit	H	0.2	0.2	0.2	50 St.Nägel

Fassadenputz

m²		Spritzwurf 15 mm stark	Glatter Putz in Kalkmörtel 2 cm st.	3 cm st.	Edelputz mit Unterp. verl. M.
Mörtel	l	18	16 grob 6 fein	26 grob 8 fein	22 20kg Terranova
Zeit	M	0.7	0.8	1.2	2.2
Zeit	H	0.2	0.2	0.3	0.7
+ Kratzen	M		0.3		

m²		Höhenstufe	Putzen filzen	Weißigung oder Färbelung	1 m Hohlkehle
Kalkteig	l	—	—	0.5	2 fein- M. 1 : 3 / 2 grob- M 1 : 3
+ Zeit	M	0.05	0.1	0.05	0.2
Zierputz u. zw.		Nutenziehung od. Quadrieren	Kassettieren und Füllung	Rustika mit Spiegelquadern	Rustika oder gest. Quadern
Zeit	M	1.3	2	3	4

37. Stukkatur- und Deckenputz.

m²	Mit Stukkaturrohr einfach	doppelt	Mit Stukkatur-Rohrgewebe einfach	doppelt
Auf Stukkaturschalung				
Rohr Bund	0.06	0.1	—	—
„ -gewebe m²	—	—	1.05	2.1
Stukkaturdraht kg	0.04	0.07	0.02	
„ -haken 15/25 St	55	50	30	10
„ „ 25/30 St	—	30	—	30
Gipsm. 1:3:¼ l	17	20	15	18
Feinmörtel 1:3 l	7	8	7	8
Zeit M	1	1.2	0.9	1
Zeit H	0.5	0.6	0.4	0.5

m²	Stukaturrohr-gewebe auf L.	Bakula	Spalierlatten	Heraklith
Ohne Stukkaturschalung				
Gewebe m²	1.05	1.05	—	1.05
Latten 18/18 m	70 1''/2''	3.3	30	—
Nägel St/Lg.	15/70	30/50	60/45	12/70
Gipsm. 1:3:¼ l	20	20	30	3 (1:2:8) 5 (1:1:6)
Feinmörtel 1:3 l	7	8	8	15
Zeit M	0.7	0.6	0.7	0.8
Zeit H	0.4	0.4	0.4	0.6

m²	Rabitznetz unter Trämen	freigespannt	Staußziegel unter Trämen	Rippenstreck-metall
Gewebe m²	1.1		1.1	1.15
Nägel St/Lg.	12 Krampen	3 kg Eisen ⌀ 10	10/30+30/50	70/50
Gipsm. 1:3:¼ l	30	30	20	20
Feinmörtel 1:3 l	7	8	8	8
Zeit M	1.5	2.0	1.5	0.6
Zeit H	1.1	1.1	0.4	0.2

+		
Höhenstufe H	0.1	
Untersicht v. Treppen und Untezügen M	0.4—0.6	
Untersicht v. Treppen und Untezügen H	0.1	
Gewölbeputz M	0.4—0.8	

38. Deckenputz auf Massivdecken.

m²		Lattenrecht ab-ziehen, verreiben	Betondecke aus-bess., schlämmen	Pinselputz auf Gewölben	zweimal weißen
Zement M. 1:3	*l*	5	5 (1:2:10)	—	—
Kalk-M. 1:3	*l*	10	1 Kalkteig	10	1 Kalkteig
Zeit	M	0.6	0.3	0.25	0.15
	H	0.2	0.1	0.1	0.05

39. Putz auf Stampfbetonstufen.

lfm.		glatte einschl. Glätten	profilierte mit Stahlkehle	glatte Stufen mit Steinputz überziehen und scharrieren
Zementmörtel 1:3	*l*	12	15	8 u. 7 Steinputzmörtel
Zeit	M	0.6	1.2	1.2 + 1 St.
	H	02.	0.3	0.3

40. Einputzen von

1 Stück		Kalkmörtel *l*	Feinmörtel *l*	M	H
Fenster	1.0/2.0	25	5	2.5	0.3
,,	1.5/2.0	40	7	3	0.3
Kastenfenster	1.0/2:0	35	7	4	0.3
Tür	1.0/2.0	25	5	3	0.3
,, zweifl.	1.3/2.4	40	8	4	0.5
lfm. Türverkleidung		2	—	0.3	0.1
,, Blendrahmen		3	—	0.4	0.1
,, Fußboden		2	—	0.1	—
,, Wandkehle 5 cm		3	2	0.15	—
,, ,, d = 10 cm		5	3	0.2	—
,, ,, d = 15 cm		6	4	0.25	—
m² Fensterbank mit Beton ausgleichen		30 Beton	15 Z. M. 1:3	1.5	0.4

41.

42. Gips- und Lehmestrich.

m²		Gipsestrich 3 cm auf Sandbett	Kalkestrich	Lehmestrich stark	
				8 cm	25 cm
Estrichgips	kg	50		80 *l* Lehm	250 *l* Lehm
Sand	*l*	50		20 Spreu	20 Asche
Zeit	M	0.6			2 *l* Ochsenbl.
	H	0.4		1.8	4.8

43. Glatter Zementestrich 2 cm stark auf vorhandenem Beton mit

m²		Glätten und Walzen	und Farbe	Stahlkörnung 3 cm st.	Siliziumkarbid 3 cm st.
Zementm. 1 : 2	*l*	22		25 (1 : 3)	30
Zement	*l*	—	—	8	6
Zuschlagstoff	kg	—	0.3	25	3.5
Zeit	M	0.5	0.55	0.9	0.7
	H	0.4	0.4	0.6	0.5
m Fußleiste ²/₁₀	M	0.7	und 4 *l* Zementmörtel 1 : 2		

44. Plattenpflaster aus

m²		Kunststeinpl. 40/40 st. 6 cm	Zementplatte 30/30 st. 4 cm	Solnhoferplatte 30/30	1 m Bordstein-einfassung
Platten	m²	1.05			1 m Bordst.
verl.Mörtel 1:2:10	*l*		30	25	4
Zement	*l*	5	3	1	0.5
Kesselasche	*l*	120	110	—	10 Beton
Zeit	M	1	0.9	1	0.6
	H	0.5	0.4	0.3	0.4
m. Fußleiste ²/₁₀	M	0.7 u. 4 *l* Zementmörtel 1 : 2		0.3 und 2 *l* 1 : 2	

45. Tonplattenpflaster. ## 46. Wandverkleidung.

m²		10/10 □	d = 15 ◯	m. Kacheln 15/15 in M 1:2:8	
				über 6 m²	unter 2 m²
Platten	m²	1.05		1.1	
verl. Mörtel 1:2:10	*l*	20		15	
Zement	*l*	1 u. (0.1 Salzsäure)		0.5 kg Marmorzement	
Zeit	M	1.6	1.8	2.6	3.1
	H	0.3	0.3	0.3	0.4

1 Rohrdurchlaß 0.4 M

47. Betonfußboden ohne Estrich stark.

m²		5 cm	8 cm	10 cm	15 cm
Beton (Material)	m³	0.05	0.08	0.1	0.15
Zeit	B	0.25	0.35	0.4	0.6
	H	0.40	0.55	0.65	0.9
+ Höhenstufe	H	0.04	0.06	0.07	0.1

48. Steinholz-(Xylolith-)Fußboden.

m²		Fabriksfußboden 20 mm	Besserer Fußboden 20 mm	Unterlage für Linoleum 10mm	Verwendung für
Material Fußbodenmisch.kg		3(Wellsand)	3	—	Oberboden
Sägespäne	kg	5	5	3	Unterboden
Farbe	kg	—	0.5	—	
Magnesit	kg	4.5	5.0	2.5	Oberboden
		2.5	2.5	—	Unterboden
Chlormagnesium (nach Jahreszeit wechselnd)	kg	4.5	4.6	—	Oberboden
		2	2	3	Unterboden
Zeit Unterlage*	M	0.05			*Monteur Xylolithleger
reinigen	X	0.15			
Unterboden	M	0.05			
legen	X	0.15			
Oberboden	M	0.1		—	Unterbeton 1:6 8—10cm stark 0.4 M + 0.5H
legen	X	0.2		—	
Abziehen	M	—	0.05	—	
	X	—	0.1	—	

49. Terazzo auf vorh. Beton m².

Zem.-Mörtel 1:3	l	15
Marmorsteine	l	8
Zeit	B	4
+ Kleine Flächen	%	20
+ m Hohlkehle	B	1.5

50. Asphaltfußboden 8 mm st.

Asphaltmastix	kg	11
Sand	l	5
Brennholz	m³	0.015
Zeit	As	0.6
Zeit	H	0.2

51. Dichtung (Isolierung).

m²	horizontal mit Asphalt-		Vertikalanstrich mit	
	pappe	platten	Goudron	Ceresit
Pappe, Platten m²	1.1	1.2	—	—
Anstrichmasse kg	0.1	0.2	0.1	1
Zeit As	0.1 ·	0.2	0.3	
Zeit H	0.1			0.3

52. Guß- und Stampfasphalt.

m²	Gußasphalt stark		Stampfasphalt stark	
	2 cm	3 cm	4 cm	5 cm
Brennholz kg	12	18	10 Koks	
Mastix kg	30	45	100	120
Bitumen kg	2	3	geröstetes Stampf-	
Asphaltriesel kg	20	30	aspaltpulver	
Zeit As	0.7	1	10	12

53. Asphaltierungsarbeiten.

m²	Asphaltaufzug aufBeton 5-7mm für Brettboden	Asphaltverguß von		Anmerkung
		Holzstöckel pflaster	Granitpflaster 5/7/7/″	
Brennholz kg	6	5 ·	15	
Mastix kg	15	12	45	
Bitumen kg	2	—	6 Asph.Pech.	
Zeit As	1	1	1	

54.

4*

55. Materialbedarf für 1 m³ Beton (ohne allg. Gültigkeit G = 1400 kg/m³)

Mischungsverhältnis	Portlandz. kg	Sand l	Schotter l	Wasser l
1 : 2 : 2	436	624	624	166
1 : 2 : 3	350	500	750	156
1 : 2 : 4	290	415	830	145
1 : 3 : 3	290	624	624	145
1 : 3 : 6	195	417	834	133
1 : 4 : 4	218	624	624	136
1 : 4 : 6	175	500	750	132
1 : 2	578	825		210
1 : 3	462	990		186
1 : 4	371	1058		166
1 : 5	311	1110		153
1 : 6	266	1145		145
1 : 7	235	1172		138
1 : 8	207	1187		136
1 : 9	188	1206		132
1 : 10	168	1200		130

56. Betonbereitung in Stunden.

Pro m³ Beton	Von Hand	H.Maschine	Motormasch.	Anmerkung
Füllmaterial laden	0.8			je nach Entfernung
„ zubringen	0.7	—	—	
3 mal trocken mischen	1.5			
Nässen	0.5	1.6	0.7	
3 mal naß mischen	1.5			
Mischgut laden	0.7	0.3	0.2	
„ abführen	0.8			
Im Durchschnitt etwa	7.5	4.5	2.5	

57. Betonverarbeitung m³ für

+auf 1.5 B+2.5 H		Wände	Decken	Balken	Säulen	Behälterwände groß	klein	+
Erdgeschoß	B	0.5–1.5	1–2	1.5–2.5	2–3	2.5–4	3.5–5	Höhenst.
	H	2–2.5	2.5–5	3.5–5	3.5–4.5	4.5–6	5.5–7	0.6

58. Schalungen mit neuem Holz in Z.*

Mauerstärke cm			40	50	60	70	80	90	100
1 m³ Schalbeton	Schalung	m²	2.5	2.0	1.65	1.45	1.25	1.1	1.0
	einhäuptig	Z	2.5	2	1.65	1.45	1.25	1.1	1.0
	Schalung	m²	5	4	3.3	2.9	2.5	2.2	2.0
	zweihäuptig	Z	4.4	3.5	2.9	2.5	2.2	1.9	1.75
1 lfm. Träger	Schalung	m²	0.5	0.75	1.0	1.25	1.5	1.75	2.00
	3 m lang	Z	1.7	1.9	2.1	2.3	2.5	2.7	2.9
	4.5 ,,	Z	1.45	1.6	1.75	1.9	2.05	2.1	2.3
	6 ,,	Z	1.2	1.3	1.4	1.5	1.6	1.7	1.8
1 stgm. Säule	Schalung	m²	0.8	1.0	1.2	1.4	1.6	1.8	2.0
	2 m hoch	Z	3.3	3.5	3.7	3.9	4.1	4.3	4.5
	4 m ,,	Z	2.4	2.55	2.7	2.85	3.0	3.15	3.3
	6 m ,,	Z	2.2	2.3	2.4	2.5	2.6	2.7	2.8
+		%	100 für Vieleckschalung bis 250 für runde Schalung						

1 m² Decke	glatte		Z	1 –2			m² Gewölbe bis Spannweite m	4	Z	4— 6
	abgeschr	2seitig	Z	1.5–2				6	Z	5— 7
		allseitig	Z	2 –3				8	Z	7—10
	+ Höhenst.		Z	0.1–0.2			1 m² Monierw.			2— 3

*Schalungsmaterial für Decken 25 mm, f. Säulen u. Trägerseitenwände 38 mm, für Trägerboden bis 45 mm stark. Kanthölzer $^{10}/_{10}$-$^{10}/_{12}$ f. Unterlagen. Rundhölzer z. abstützen. Nägel 0.5-0.8 kg/m² Draht 0.5 kg/m². Bei Wiederverwendung der gleichen Schalung 20% Ersparnis.

59. Bewehrung pro 100 kg.

d in mm		bis 7	8—15	über 15
von Hand	F	10	8	6
Maschine	F	8	6	4
nach Bazali	F	9.75—0.15 d		

60. Betonoberflächen.

m²	M
Kratzen	0.5
Spitzen	1.4
Stocken	2

61. Eisenbetonpfähle 12/12 lg. 2.5 m.

1 Stück	0.3 B + 0.1 F + 0.6 H

62. Vorsatzbeton 4.5 cm st.

+ m² Beton	1 M

63. Gesamtarbeitszeit pro m³ Beton.

| alles rauh | Betonierung / m³ | | Schalung / m² | | Bewehrg./q |
	B	H	Z	H	F
Stampfbeton gr. Masse	1	3.5	—	—	—
Fundamentbeton　·	1.5	3.5	—	—	—
Unterlagsbeton (8 cm)	3.5	5.5	—	—	—
Schalbeton	1.5	4	1	—	—
Wände aufgehend	2	4	1	0.3	—
Eisenbeton — Fundament	2	4	—	—	7
„　platte	2	4.5	—	--	8
Wände, dünn	4	6	1	0.5	10
Plattendecke	4	6	0.8	0.3	9
Balken	4	6	1.5	0.5	9
Kranz	3.5	6	1	0.3	8
Gesimsplatte	5	5	1.2	0.5	10
Stützen □	4.5	6	1.5	1	9
Stufen, gerade	6	8	2	0.8	12
Brüstung 10 cm st.	4.5	6	1	0.5	9
✚ Höhenstufe		0.6	Zementestrich siehe Taf. 43　Zementputz „　„　36, 37, 38		

64. Spezialdecken für 250 kg m² Nutzlast.

m²		Ast-Molin Rippen-platten-decke	Baustahl-gewebe matten*			
Beton 1 : 5	m³	0.1	0.1			
⌀-Eisen (Gewebe*)	kg	7	3.8*			
Bindedraht	kg	0.2				
Erdgeschoß	Z	0.9	0.9			
	B	0.5	0.5			
	F	0.5	0.2			
	H	0.5	0.5			
Ausschalen	Z	0.1	0.1			
	H	0.4	0.4			

VI. Zimmermannsarbeiten.

Die Tafelwerte beziehen sich, soweit nicht anders angegeben, auf Arbeiten mit weichem, rauhem Holz.

Der Zeitaufwand hat nur für eine Höhe des Dachgesimses bis 8 m Gültigkeit. Darüber ist für jeden m Mehrhöhe ein Zuschlag von 1.5 H/m³ bei weichem und von 2 H bei hartem Holz zu geben.

Mit der Breite der Bretter ändert sich die Zahl, mit der Stärke der Bretter die Länge der Nägel.

70. Dübeldecke (Dippelboden) m².

Für Spannweite	m	4	5	6	7
Deckenstärke	cm	12	14	17	20
⊖ Rundholz Lg/d	$\frac{m}{cm}$	2.8/24	2.3/28	1.8/34	1.4/40
mit Anarbeiten	Z	4	4.5	5	5.5
⊖ Rundholz Lg/d	$\frac{m}{cm}$	—	7/18	6/21	5/25
mit Anarbeiten	Z	—	6.4	7.2	8
bearbeitete Balken	m	8.2	7.1	5.9	5.1
nur verlegen	Z	0.65	0.75	0.9	1.05
+ lfm. Rastschl.	Z	0.3 für Anarbeiten und Legen			

71. Balken-(Tram-)decke m².

		m Balken bis cm² 200	400	600	+
		Anarbeiten+Verlegen Z 0.2	0.3	0.4	0.1 aufkämmen
Sturzboden	ausgeführt mit	Übergriff	Deckleisten	gefalzt	1 m³ Beschüttung aufbringen 3.5 H Höhenstufe 0.6 H
Sturzboden	Bretter 1″ m²	1.25	1.05	1.2	
Sturzboden	Latten ²/₅ m	—	6	—	
Sturzboden	Nägel St/Lg	24/120	20/70 +12/50	24/70	
Sturzboden	Zeit Z	0.4	0.5	0.6	
Einschubdecke	ausgeführt auf	Traglatten	Randfalz	Mittelfalz	*
Einschubdecke	Bretter 1″ m²	0.9 je nach Zwischenraum			
Einschubdecke	Deckleisten ²/₅ m	5 und *	5	5	2.1 Tragl. ⁴/₆
Einschubdecke	Nägel St/Lg	20/70 u.*	20/70		8/160
Einschubdecke	Zeit Z	0.7	0.85	1	
Windelboden	halber Z	0.8	0.1 m³ Lehm 0.5 kg Stroh 0.04 m³ Stack-		
Windelboden	ganzer Z	1.3	0.15 „ 0.5 „ 0.04 „ holz		
Untere Schalung	und zwar	aus Latten	Rohrdecke (Stukk.-Schlg.)	unten gehobelte Schalung: mit Deckleiste / gefalzt	
Untere Schalung	Bretter m²	—	1	1.05	1.15
Untere Schalung	Latten ²/₅ m	18	—	6	
Untere Schalung	Nägel 2½″ St	40—80	24	30/50+30/80	28/60
Untere Schalung	Zeit Z	0.3—0.4	0.4	0.65	0.9

72. Fußbodenlegen m².

für Stärke d in cm			2.5—3.0	4—5.5	6—8	Verschnitt %
m Lagerhölzer	Querschnitt	cm	5/8	8/10	10/19	5
	Karbolineum	kg	0.06	0.09	0.12	
	Zeit	Z	0.25	0.35	0.45	
m²	Nägel	St.	St 28—36 lang 2½fache Brettstärke			
rauh	gefugte	Z	0.4	0.5	0.6	10
	gefalzt	Z	0.5	0.7	0.8	15
	gehobelt u. gefalzt	Z	0.55	0.75	0.85	15
	m Sesselleiste	Z	0.07 und 5 Nägel lg 55			5

73. Blockwände aus Rund- und Kantholz.

m²			aus roh bleibendem Rundholz	lagerhaft bearbeitet	vierseitig rauh bearbeitet	aus bereits bearb. Kantholz
Rundholz stark cm	20	Rundholz m	5.5	8.3	7.0	6.7 15/15
		s. Behauen Z	1	2	3	2.5 + (3.0*)
	25	Rundholz m	4.4	6.7	4.5	4 25/25
		s. Behauen Z	1.5	2.7	4.5	3.5 + (4.5*)
	30	Rundholz m	3.7	5		* Zeit für das vollkantige Beschlagen
		s. Behauen Z	2	3.5		

74. Riegelwand-(Fachwerk-)wände abbinden und aufrichten.

m		aus Kantholz		aus Rundholz	
		< 160 cm²	> 160 cm²	< ⌀ 18	> ⌀ 18
Verschnitt	%	1 bei Listenholz sonst 3—5		5	
Nägel	kg	0.1		0.1	
nicht verriegelt	Z	0.25—0.3	0.3—0.35	0.3—0.4	0.5—0.6
2 mal verriegelt in	Weichholz Z	0.35—0.4	0.4—0.5	Anmerkung: m Dreikantleisten für Ausmauerung anbringen. 5% Verschnitt, 4 Nagel lg 45 0.04 Z.	
	Hartholz Z	0.5 —0.6	0.6—0.7		
+ über 5 m Höhe	Z	0.1(0.2—0.25 f. Giebelwand			

75.

76. Dachkonstruktionen.

pro lfm. Holz		einfaches, glattes Dach		Walmdächer mit Grundriß	
		ohne Schiftung	mit Schiftung	rechtwinklig	unregelmäßig
schwächere Abmessungen	Z	0.20—0.25	0.25—0.3	0.40—0.45	0.45—0.5
stärkere Abmessungen	Z	0.35—0.40	0.40—0.45	0.45—0.55	0.55—0.6
pro lfm. Holz		Querdächer 3—6 m	Dachgaupen	reich gegliederter Dachstuhl	Kuppeln und Türme
Zeit	Z	0.45—0.5	0.5—0.55	0.6—0.7	0.8—1.3
wie oben jedoch die Zeit pro m³	Z	12—15	15—18	25	30
	Z	21	25	30	33
	Z	28—33	38	36—40	40—70

77. Dachschalung.

m²		gesäumt	gefugt	gefugt und gefalzt	Geschweifte Dachflächen
Bretter 1″	m²	1.05	1.10	1.15	bis 1.5
Nägel 2½″	St	24			40
Zeit	Z	0.35	0.4	0.5	1—3
m²		wie oberhalb an Dachvorbauten			m Kehlschlg
Bretter 1″	m²	1.15	1.2	1.3	0.55
Nägel 2½″	St	36			12
Zeit	Z	0.8	0.9	1.2	0.6

78. Dachlattung.

		100 m Lattung für Dächer		m² Schalung aus Latten	+ pro m²
		glatte	gegliederte		
Verschnitt	%	5	10	10—50	
Nägel 2½″	St	200	300	50—60	Höhenstufe
Zeit	Z	4	6	1.5—3	0.1 H

79. Dacheindeckung.

m²		mit Bretter zur Traufe			mit Schindel	
		‖		⊥	einfach	doppelt
Bretter 1″	m²	1.2		1.2	$S = \dfrac{15750}{b\,1}$	2 S
Nägel 2½″	St	24		24	$S \times 1.5$	$S \times 2$
Zeit	Z	0.35		0.4	$S \times 0.02$	
+ Höhenstufe	H	0.1			b = 8 — 12 cm 1 = 40—80 cm S = Schindelzahl	

80. Wandschalungen.

	m²		mit Übergriff	mit Deckleisten ³/₅ cm		Nut- und Hartholzfeder
				rauh	s. Hobeln	
lotrecht	Bretter	m²	1.2	1.05	1.05	1.05
lotrecht	Nägel	St/Lg	30/100	30/70 und	20/45	35/70
lotrecht	Zeit	Z	0.4—0.5	0.6	1.1	0.8
	m²		Überlappung	gefugt	**+** für Giebelschalung	
waagerecht	Bretter	m²	1.2	1.05	größerer Holzverschnitt!	
waagerecht	Nägel	St/Lg	24/100	30/70		
waagerecht	Zeit	Z	0.4	0.35	10—15%	
+ für Gerüste		Z	0.25—0.35			

81. Einfache Treppen.

	pro Tritt		Gerade Treppe	¼ gewunden	½ gewunden	halbgestemmt
gestemmte Treppe 0.9—1.10 m breit	weich	Z	4.5	6—7	7—8.5	²/₃ der Zeit
gestemmte Treppe 0.9—1.10 m breit	weich	Ms	0.12—0.15	0.17—0.2	0.2—0.25	²/₃ der Zeit
gestemmte Treppe 0.9—1.10 m breit	hart	Z	6.3	6.5—8	9.5—10.5	²/₃ der Zeit
gestemmte Treppe 0.9—1.10 m breit	hart	Ms	0.15—0.17	0.2—0.25	0.25—0.3	²/₃ der Zeit
	pro Tritt		rauh	handgehobelt	mit Maschine	m Geländer
Ger. eingeschob. Tr. 0.6—0.8 | 0.8—1.0 m	weich	Z	0.7—0.9	0.9—1.1	0.75—0.85	~ gleich der Zeit für einen Tritt
Ger. eingeschob. Tr. 0.6—0.8 | 0.8—1.0 m	hart	Z	0.8—1.1	1—1.2	0.8—0.95	~ gleich der Zeit für einen Tritt
Ger. eingeschob. Tr. 0.6—0.8 | 0.8—1.0 m	weich	Z	0.6—0.8	0.7—1	0.65—0.75	~ gleich der Zeit für einen Tritt
Ger. eingeschob. Tr. 0.6—0.8 | 0.8—1.0 m	hart	Z	0.7—1	0.9—1.2	0.75—0.85	~ gleich der Zeit für einen Tritt

82. Einfache Zäune (Einfriedungen, Planken), rauh.

	St	d	< 18 cm	> 18 cm	Kantholz	**+**
Ständer	setzen	Z	1—1.2	1.3—1.5		Loch graben in leichten Boden 0.5—0.6
Ständer	streichen	Z	0.2 und 0.05—0.06 kg Karbolineum			Loch graben in leichten Boden 0.5—0.6

	lfm.		Gewöhnlicher Draht	Stachel- Draht	Drahtgeflecht hoch	
					1.2 m	1.5 m
Feldausbildung	spannen	Z	0.02	0.03	0.25	0.3
	lfm. Zaun aus		Spriegel hoch 1.5 m	Latten hoch 1.5 m	Bretter hoch 2.0 m wagrecht	Bretter hoch 2.0 m lotrecht
Feldausbildung	2 Querriegel	Z	0.4	0.45	—	0.5
Feldausbildung	Latten (Bretter) befestigen	Z	0.18 —	0.25	0.8	1

83. Einfache Türen.

1 lfm. Türstock			Pfosten mit 5% Verschnitt		aus Kantholz 10% Verschnitt	
aus			6.5/30	8/30	13/16	16/20
rauh		Z	0.7	0.75	0.4	0.5
aus			Pfosten mit 5% Verschnitt			Blendrahmen 45/80 m. 5% V.
			5/15	6.5/15	8/15	
rauh		Z	0.5	0.55	0.6	0.3

1 m² Türe			gesäumte Bretter 1″	gefugt m. Einschubleiste 4/15*		Lattentüren
aus				5/4″	und Deckleisten	
Bretter	m²		1.4	1.2 + 0.3*		0.3
Latten $^3/_5$	m		—	—	6	10
Nägel 2½″	St		25	25	50	26
rauh	Z		1.7	2.3	2.6	1.5

84. Bretter- und Lattenverschläge (Dachbodenabteilungen).

m²		rauh	gehobelt mit Nut und Feder	aus Latten* 1″/2″	
Bretter (Latten*)	m²	1.1	1.2	12.5 m*	
Staffel 6/8	m	2.3	2.3	2.3	
Nägel 4″	St	8	8	3	
„ 2.5″	St	20	20	20	
rauh	Z	1.3	1.5	1.2	

85. Gründungsarbeiten in Z.

1 Pfahl (d in m)		Z weich	Z hart	Verschiedene Arbeiten	Z weich	Z hart
spitzen		8 d²	16 d²	Zapfen anschneiden	12 d²	17 d²
anschuhen		1 d	1.3 d	Zapfenloch einhauen	0.3	0.45
Ring anlegen		0·8 d	1.1 d	m Schwelle anarbeiten	1.2	1.6
1 m Ramnen mit Kunstrame	in leichtem Boden	22 d — 44 d		m „ aufbringen	0.4	0.45
	in mittlerem „	38 d — 66 d		1 m Zangen aufbringen	2.3	2.6
	in festem „	56 d — 104 d		1 dm Loch (d in cm) bohren	0.02 d	0.03 d
	+ für Pfahllänge von 7—10 m Länge	25%		m Holzlängsschnitt d cm stark	0.03 d	0.04 d
	+ für Pfahllänge >10 m	75%		1000 Nägel (1 in cm) einschlagen	0.8 l	1.2 l
abschneiden	über Wasser	16 d²	22 d²	1 lfm. Zähne anarbeiten für Balkenbreite b in dm	0.45 b	0.67 b
	unter „ 0.75 m	32 d²	44 d²			
	„ „ 1.5 m	48 d²	66 d²			

 Einzelarbeiten.

		Kantholz von Hand	Bretter		Latten von Hand
			von Hand	von Maschine	
m^2 Hobeln	Z	0.25 (0.3*)	0.3	0.03	0.05/m 3 seitig
m Fugen	Z	* bei behau- enem Holz	0.05	} 0.03/m²	0.05
m Falzen	Z	0.12	0.06		—
m Fasen	Z	0.05	0.03		0.03
m Profilieren	Z	0.2—0.3			0.2—0.3
m Nuten	Z	0.15	0.065	0.1/m² bzw. Federn	
+ für Hartholz	%	25—35%			

87:

VIII. Dachdeckerarbeiten.

In den folgenden Tafeln bedeutet: L = Ziegellänge in cm.

Der großen Verschiedenheit der Dachziegelformate wegen können keine genaueren Angaben gemacht werden. Ziegelbedarf und Lattenteilung sind daher in jedem einzelnen Fall unter Berücksichtigung des Übergriffes nach den Technischen Vorschriften für Bauleistungen DIN Taschenbuch 3 zu ermitteln.

Schalung oder Lattung ist als bereits vorhanden angenommen.

88. Dachpappendeckung.

Pro m² schiefe Fläche		Auf Schalung, einfach		Auf Schalung, doppelt		Anmerkg.
		schlicht	auf Leisten	schlicht	auf Leisten	
Dachpappe	m²	1.1	1.1	2.2	2.2	1 m² altes Dachpappdach teeren 0.75 kg Teer + 0.05 D
Kappstreifen	m	—	1.1	—	1.1	
Klebemasse	kg	—	—	2	2	
Dachlack	kg	1	1	1	1	
Brennholz	kg	1	1	2	2	
Dreikantleisten	m	—	1.1	—	1.1	
Dachpappestifte	dkg	6.5	8	5	6.5	
Leistennägel	dkg	—	3	—	—	
im Erdgeschoß	D	0.15	0.20	0.25	0.3	

89. Ruberoiddeckung.

Pro m² schiefe Fläche		Auf Schalung, einfach		Auf Boden		Anmerkg.
		schlicht	auf Leisten	einfach	doppellagig	
Ruberoid	m²	1.1	1.1	1.1	2.2	1 m² zweimaliger Schutzanstrich auf bestehendem Dach 0.3 kg Eurolan + 0.05 D
Klappstreifen	m	—	1.1	—	—	
Klebemasse gewöhnl. f. Beton	kg	0.1	0.1	0.05 / 1	0.35 / 1	
Dreikantleisten	m	—	1.1	—	—	
Dachpappstifte	dkg	6.5	8	—	—	
Leistennägel	dkg	—	3	—	—	
im Erdgeschoß	D	0.20	0.27	0.40	0.55	

90. Holzzement oder Preßkies (auf vorh. Sch.). 91. Strohdach L = 25 cm.

m²		Preßkies	Holzzem.
Dachpappe	m²	1.1	
Klebemasse	kg	5	
Brennholz	kg	2.5	3
Dachpappestifte	dkg	5	
Riesel	l	10	40 feiner Sand
Kies	l	—	60
Holzzementpapier	kg	—	0.5
Erdgeschoß	D	0.5	1.5

91. Strohdach L = 25 cm.

Langstroh	kg	22
Bandstöcke	m	4
Strohseile	m	4.5
Erdgeschoß	D	0.6

92. Rohrdach L = 33 cm.

Rohr	kg	29
Bandstöcke	m	3
Bindeweiden	m	3.5
Erdgeschoß	D	0.7

93. Ziegeleindeckung.

m² schiefe Fläche		Biberschwänze 36.5 × 15.5			S- od. Hohlpfannen 36 × 23 (Krempzgl.)	Mönch und Nonne 40 × 18
		Kronendach	Doppeld.	einfach		
Lattenteilung	cm	L — 8	½ (L–5)	L — 12		
„ unter 35°	cm	L — 10	½ (L-7)	L — 15	L — 7	L — 8
Ziegel mind. St		49	44	30	18	18 + 18
Längsfuge u. Querschlag*	Mörtel 1 : 3 l	36	30	15	*20	20
	Zeit D	0.5	0.4	0.3	0.4	0.4
	Zeit H	0.5	0.4	0.2	0.4	0.4
Längsfuge	Mörtel 1 : 3 l	12	12	8	—	—
	Zeit D	0.4	0.3	0.2	—	—
	Zeit H	0.4	0.3	0.2	—	—
trocken	Mörtel 1 : 3 l	6	—	—		5
	Zeit D	0.25	—	—	0.2	0.25
	Zeit H	0.25	—	—	0.2	0.25
✚	Höhenstufe H	3 — 6 pro 1000 Ziegel				
	m First, Grat ** D	0.25				
	m Kehle D	2			2.5	

94. Falzziegeleindeckung u. zw.

m² schiefe Fläche		Muldenfalz	Strangfalz	Mönch und Nonnekomb.	Falzpfannen	Anmerkg.
Lattenteilung	cm	L — 7, bzw. bei Kopffalzen nach Ziegel				
Ziegel	St	15		15		
trocken	Zeit D	0.15		0.15		
	Zeit H	0.15		0.15		jeder 4. Ziegel ist zu verdrahten oder zu verklammern
Innenverstrich	Mörtel 1 : 3 l	3		3		
	Zeit D	0.2		0.2		
	Zeit H	0.2		0.2		
✚	Höhenstufe H	3 pro 1000 Ziegel				
	m First, Grat ** D	0.25		0.3		
	m Kehle D	2.2		2.5		

** Material für First und Grat. 3 Hohlziegel 36.5 cm lang und 10 l Mörtel.

95. Deckung mit Asbestzementschiefer (Eternit) pro m² schiefe Fläche.

	Art + Übergriff	cm	Lattenteilung für Steine		Anzahl der Steine		Zeit
Doppeldeckung			30 × 15	40 × 20	30 × 15	40 × 20	
	Rechtecksteine	5	12.5	17.5	53½	28½	
		6	12	17	55½	29½	
		7	11.5	16.5	58	30½	
		8	11	16	61	31½	
Einfache Deckung	☐ ☐	cm	30 × 30	40 × 40	30 × 30	40 × 40	
	Deutsche Deckung mit Rechtecksteinen	7	·23	33	19	9½	
		8	22	32	20½	10	
		9	21	31	22½	10½	
		10	20	30	25	11	
	▱	cm	30 × 33	40 × 44	30 × 33	40 × 44	
	Deutsche Rhombus	7	23	33	17	8½	
		8	22	32	18½	9	
		9	21	31	20½	9½	
		10	20	30	22½	10	
	⬡	cm	30 × 33	40 × 44	30 × 33	40 × 44	
	Französische Rhombus	7	12.8	18.7	17½	8½	
		8	12.2	18.1	18	9	
		9	11.6	17.5	20½	9½	
		10	11.1	16.9	22½	10	
	⬡	cm	30 × 30	40 × 40	30 × 30	40 × 40	
	Normalschablonen mit überhängenden Spitzen	7	15.5	22.6	19	9½	
		8	14.8	22.2	21	10	
		9	4.1	21.2	23	·10½	
		10	13.4	20.5	25	11	
+	m Firststeine	St	3 (40/12)	4 (30/10)			**+** Höhenstufe
	m Saumsteine	St.	8 (40/20)	10 (30/15)	15 (20/10)	20 (15/17)	
	Sturmklammer	St.	1 pro Stein				
	verz. Nägel	St.	2 „ „				

Zeit: Für m² kleine Steine etwa 0.15 D + 0.15 H auf Lattung, 0.2 D + 0.24 H auf Schalung; „ „ große „ 0.1 D + 0.1 H „ „ 0.13 D + 0.13 H „ „

96. Naturschiefereindeckung.

m² schiefe Fläche		Altdeutsche 29/22	Deutsche Schuppensch	Doppeldeckung mit		Anmerkg.
				Rechtecksch	D. Schuppen	
Lattenentfernung			L — Ü	½ (L — Ü)		Ü = Übergriff
Schiefer	St	35				
Nägel	St	70—80				
auf Lattung	D	—	0.5	0.4		
auf Lattung	H	—	0.5	0.6		
auf Schalung	D	0.3	0.6	0.5		
auf Schalung	H	0.3	0.5	0.6		
+ Höhenstufe	H	0.2				
+ m First, Grat	D	0.1				
+ m Kehle	D	0.2				

97. Abtragarbeiten.

m²	trocken		in Mörtel		Anmerkg.
	D	H	D	H	
einfach Biberschwanzd.	0.15	0.3	0.2	0.3	Inbegriffen ist Reinigung und Schlichtung der Ziegel, bei Pappdächern Reinigung und Entnagelung der Schalung
Doppel-, Kronendach	0.20	0.4	0.25	0.4	
Falzziegeldach	0.1	0.2			
Hohlziegeldach	0.1	0.2	0.2	0.3	
Pappdach	0.05	0.05			
Ruberoiddach	0.1	0.05			

IX. Klempner-(Spengler-)Arbeiten.

* bei den Blechen bedeutet, daß an Stelle des in der Tafel angeführten Bleches auch verzinktes Eisenblech, ** daß Zinkblech genommen werden kann.

99. Saumeindeckung.

	Pro m² aus		1 m Saumeindeckung 25 cm anstückeln s. Streifen in	
	verz. Blech 0.6 mm st.	Zinkblech Nr. 11	verz. Blech	Zinkblech
verz. Blech m²	1		0.4	0.25 + 0.15*
Verschnitt %	10		5	
verz. Nägel St	50 + 2 Hafter		—	
Lötzinn kg	—		0.1	
Zeit K	1.25		1	

100. Saumrinnen.

lfm.	samt verz. Rinnenhaken im Umbuge breit cm		Bodenrinnen- ausfütterung im Umbug cm	Attikarinnen-
	65	50	50	100
verz. Blech 0.6 mm m²	0.65	0.5	0.5 *	1**
Verschnitt %	5		10	
Sch. Stifte 22/25 St	20 u. 1 Haken 4 (5) u. 2 N		20	
Lötzinn kg	0.07	0.05	0.05	0.15
Zeit K	1.5	1.5	0.75	2

101. Hängerinnen.

lfm.	samt Beigabe der verz. Rinnenhaken im Umbuge breit cm			Hänge- oder Saumrinnen- vorkopf
	33	40	50	
verz. Blech 0.6 mm m²	0.33	0.4	0.5	
Verschnitt %	5			
verz. Nägel St	2 + 1 verz. Rinnenhaken 22/5			
Lötzinn kg	0.03	0.04	0.05	
Zeit K	1	1.1	1.25	

102. Abfall- und Dunstrohre.

lfm. pro Knie 50 cm Zuschlag	aus verz. Blech oder Zinkblech Nr. 11 mit Rohrhakenbefestigung für ⌀ cm			1 Stück Dunst- schlauchhut ⌀ 10—15 cm
	10	12	15	
verz. Blech m²	0.33	0.4	0.5	0.15
Verschnitt %	5			
Rohrhaken St	0.5			0.1 kg verz. Bandeisen
Lötzinn kg	0.1	0.11	0.12	
Zeit K	0.9	0.95	1	0.75

103. Stutzen. Sammelkessel.

Stück		Einlaufstutzen Ø 12—15 cm lg. 25 ,,	Saum od. Rinne Ø 12—15 cm lg. 1.0 m	Wassersammelkessel Ø = 40 cm h = 40 cm	f. Bodenrinnen s. Anschluß
Zinkblech Nr. 12	m²	0.13	0.5	1	2
Verschnitt	%	—	—	5	5
6 mm Rundeisen	m	—	—	—	1.25
Lötzinn	kg	0.15	0.2	0.35	0.25
Zeit	K	1	2	6	5

104. Dacheindeckung.

m²		mit verz. Blech od. Zinkblech Nr. 11 mit doppelt gefalzten Quernähten in Breiten			1 Stück Dachscheibe 50/50
		100	80	65 cm	
verz. Blech 0.6	m²	0.6			0.25**
Verschnitt	%	15			5
Sch. Stifte 22/25	St	18	$+10\%$	$+20\%$	—
Hafter	St	9			0.1 kg Lötzinn
Zeit	K	1.5			1.5

105. Einfassungen.

m²		Mauereinfassung in Zinkblech 12	Fassadeabdeckungen in Zinkblech Nr.11 bei einem Umbuge in cm	unter 25	unter 15
Zinkblech	m²	1*	1		
Verschnitt	%	10	10		
verz. Nägel	St	und Haften und Niete	3 Splinte/m	$+10\%$	$+20\%$
Lötzinn	kg	0.1	0.1		
Zeit	K	1.5	2		

106. Kiesleisten. Spritzblech.

lfm.		10 cm hoch s. 25 cm breiten Saum u. 25 cm br. Streif.	Preßkiessaum	m² Spritzblech 30 × 50	
verzinktes Blech	m²	0.15	0.25	0.7	
Zinkblech	m²	0.4	0.15		
Verschnitt	%		5	—	
Sch. Stifte 22/25	St	40 + 5 N	40	—	
Lötzinn	kg	0.15	0.1	0.1	
Zeit	K	1.75	1	0.75	

107. Sonstiges.

pro Stück		Liegendes Aussteigfenster, Holzstock mit verz. E.-Bl. samt Rahmen	Geländerstützeneinfassung für Holzzementdach komplett	Schneerechen 30cm hoch mit 2 Durchzügen aus Rundeisen	
Zinkblech	m²		0.25		
Rundeisen	m	0.65 ⌀ 6	—	2 ⌀ 10	
Schrauben	St	Ausspreizst. mit Kloben	—	2 + 1.5 kg	
Lötzinn	kg	0.1	0.15	Flacheisen 8/40	
Zeit	K		1	2	

108.

X. Tischler-(Schreiner-)Arbeiten.
XI. Beschlagarbeiten.

Genauere Angaben können im Rahmen dieses Buches nicht gemacht werden, da zu viele Umstände zu berücksichtigen wären: Anzahl der gleichen Stücke, verfügbare Maschinen, Art der Profilierung, Gattung des Holzes, Art des Beschlages usw.

109. Türen.

Type a $\doteq{}^{65}/_{185}$
„ b $\doteq{}^{90}/_{195}$
„ c $\doteq{}^{130}/_{205}$
(2 flügelig)

I II III IV V

Type	Pfostenstock für Türen aufgehend nach		Einseitige Verkleidung	Türflügel samt Anschlagen		Kreisbogenkämpfer	Jalousie-	Pendel-	Glas-	Anmerkung
	außen	i. Futt.		T	S	fer	sie-	del-		
							Türen			
Ia	1.5	4	2	7	3					
b	1.5	4	1.4	8	3.5					
c	1.7	5	1.7	14	6					
IIa	2	4	2	8	3					
b	2	4	2	9	3.5					
c	2.5	5	2.5	16	6					
IIIa	2	4	2	7.5	3					
b	2	4	2	8.5	3.5	50	30	10	10	
c	2.5	5	2.5	15	6					
IVa	2	4	2	9	3					
b	2	4	2	10	3.5					
c	2.5	5	2.5	18	6					
Va	2	4	2	10	4					
b	2	4	2	12	4.5					
c	2.5	5	2.5	20	7.5					

Material für: Stock $^5/_{16}$ cm
Flügel $^{4.6}/_{4.6}$ cm
Verlkeidung $^{10}/_{2.5}$ cm

Beispiel: 2flügelige Türe $^{135}/_{230}$ nach außen aufgehend, 16 cm st. Pfostenstock, beiderseitige Verkleidung nach Type IVc:

Pfostenstock = 2.5 T.
beiders. Verkleidung = 5 T.
Flügel s. Anschlag = 18 T. + 6 S.
Zeit = 25.5 T. + 6 S.

110. Fenster.

| Type | Äußere Flügel nach außen / Innere Flügel nach innen | | | | + % für | | | Jalousien und Balken | | | |
	Rahmen	Pfosten-	Flügel	Anschl.	äußere Flügel nach innen	segm.-	kreis-	äuß. Bal-ken	Brettl. ja-lousie	An-schla-gen	Zu-schlag auf Stock
	Stock T.		T.	S.		förmiger Kämpfer		T.		S.	
1	1.3	1.6	1.5	1						1	
2a	1.6	1.8	2	1						—	
2b	1.8	2.1	3	2						2	
3	1.7	2	2.5	1.5						1.5	
3a	2	2.3	3.5	2						1.5	
4	2.5	3	4.5	2.5						3.5	
6	4	4.5	6	3						4.5	
6a	3.5	4	6.5	3.5	20	30	50			5	
6b	3	3.5	5.5	4						5	
6c	4	4.5	7.5	5						5	
6d	3.5	4	6.5	5						5	
9	4.5	5.5	7.5	4.5						4.5	
9a	4	5	8	5.5						6	
9b	5	6	11	7						6	
12	5.5	6.5	10.5	7						8	
12a	6	7.5	13.5	9.5						8	

Spanning column "äuß. Bal-ken / Brettl. ja-lousie": Fensterflügel × 1.3 / (Fensterflügel × 2.0) + 50% vom Anschlagen für die Brettl

Spanning column "Zu-schlag auf Stock": 50% (vom Stock), wenn äußere Fensterflügel und Jalousien gleichzeitig eingehängt sein können.

Holz für	Pfostenstock 5/15 cm, Rahmenstock 5/18 cm
	Verkleidung 10/2.5 cm
	Flügel 5/5 cm
	Sprossen 3/5 cm

Beispiel: 1 Pfostenstockfenster äußere + innere Flügel nach innen und äußere Brettjalousien Type 6d:

Pfostenstock + 20%	4.8 T.	
Fensterflügel + 20%	7.8 T. +	6 S.
Brettljalousie	13.0 T. +	2.5 S.
Jalousieanschlag		5 S.
Aufschlag auf Stock	2.0 T.	
Zeit =	27.6 T. +	13.5 S.

111. Stabfußboden aus Eichen- oder Buchenstäben mit Weichholzfedern.

pro m²		Bindboden rauh, 25 m/m st.	Stabfußboden auf vorh. Blindboden				
			40/12 cm	30/6 cm			
Bretter	m²	1	—	—			
Stäbe	St	—	24	56			
Verschnitt	%	5	5	5			
Nägel	St/Lg	16/75	24/60	56/60			
Verlegen	T	0.3	1.0	1.8			
+ m Fußleiste	T	0.1 und 4 St Nägel lg 100 mm					

112.

XII. Glaserarbeiten.

113. Einglasung.

Mat. pro m² / Zeit pro m	Glasgattung mm	Material			Zeit			+ in % f. Dacharbeiten	
		pro m² Fläche			pro m Kittfalzlänge				
		Glas m²	+ in % für Verluste	Werkz.	Kitt kg	Stiften St.	Gl	Gl	Kitt m. 2% Mennige
Scheibengrößen 70/154 cm	1.8				0.05	5	0.05		
70/170 cm	2	1	10	1	bis	bis	bis	100*	100
140/230 cm	3				0.1	6	0.1		

angewendet auf Taf. 100 (äußere u. innere Flügel)								Anmerkung
Type** 1		0.5			0.4	24	0.2	Der Preis des Glases richtet sich nach der addierten Länge und Breite
2		1			0.6	36	0.3	
2b					0.8	48	0.4	Für Bauzwecke gewöhnlich Glas 2. Wahl.
3		1.5						
3a					0.9	54	0.45	Reparaturarbeiten um 50% höher.
4		2			1.2	72	0.6	* Und mehr je nach Falzquerschnitt.
6					1.8	108	0.9	
6a		3	10	1				
6b					1.6	96	0.8	
6c					2.0	120	1	** Der Berechnung ist ein rundes Maß von 4 × 50 cm Kittfalzlänge der bezüglichen Zeichnung am Kopf der Tabelle 110 zugrunde gelegt.
6d					1.8	108	0.9	
9					2.4	144	1.2	
9a		4.5						
9b					3	180	1.5	
12		6			3.2	192	1.6	
12a					3.8	228	1.9	

Beispiel: 1 Fensterflügel 0.5 × 1.50 m Kittfalzlichte:

Glas 0.5 × 1.50 = 0.75 m

Verlust + Werkzeug = 11%

Kitt 2 × (0.5 + 1.5) × 0.05 = 0.2 kg

Stiften 2 × (0.5 + 1.5) × 6 = 24 Stück

Zeit 2 × (0.5 + 1.5) × 0.05 = 0.2 Gl = 12 Min.

XIII. Maler- und Anstreicharbeiten.

Je nach Vorschreibung Verwendung von Leinöl.

114. Malerarbeiten.

| Pro m² | Kalk-farbe | Leimfarbe auf | | Gips-mör-tel-putz | Ka-sein-farbe | Sili-kat-farbe | Vorbereitung für Ölfarben-anstrich auf Putzfläche | | |
| | | Kalkmörtelp. | | | | | | | |
		m. Tier-leim	Pflan-zenleim				weiß	getönt	
Material dkg									
Gips	.	.	.	.	.	.	.	.	.
Farbe	5	5	6	5	6	5	.	.	.
Kalk	50	30	30	20	.	.	.	.	.
Kasein	.	.	.	.	12	.	.	.	.
Wasserglas	.	.	.	.	.	15	.	.	.
Schmierseife	.	7.5	.	7.5	.	.	.	.	.
Leim	5	5	10	5	.	.	.	.	.
Grundkreide	.	5	5	5	5	.	.	.	.
Schlemmkreide	.	.	4	.	4	6	.	.	.
Leinöl oder Leinöl-firnis	¹)	.	.	.	.	.	11	11	.
Zeit in Minuten									
Vergipsen	.	.	.	.	2.5	2	.	.	.
Grundieren	2.5	3.5	3.5	3²)	3.5³)	4⁴)	7	7	.
Vorseifen	.	2	.	.	.	.	.	.	.
Vergipsen	.	2.5	2.5	2.5	.	.	6	6	.
1. Strich	3.5	6.5	7	6	7.5	7.5	12	.	.
Seifen mit verdünn-ter Lösung	.	2	.	.	.	.	.	.	.
2. Strich (Spritzen)	3	3	3	.	3	.	.	.	.
Summe	9	19.5	15	11.5	16.5	13.5	25	13	.
Sonstige Arbeiten									

¹) Als Zusatz beim Voranstrich.
²) Mit Alaun- oder Leimlösung.
³) „ dünner Kaseinlösung und geringem Farbzusatz.
⁴) „ reinem Wasserglas oder mit „ „

115. Anstreicherarbeiten.

	Pro m²	Lein-öl	Kitt	Öl-farbe	Firnis	Ter-pentin	Lack	ein-fach	besser	am besten
		Material dkg						**Zeit in A**		
an Türen und Holzflächen	Grundieren samt Reinigung	.	.	7.2	3	1.8	.	0.14		
	Überziehen mit Schleifkitt	.	12	.	.	.	.	.	0.3	
	1. Anstrich einschl. Kitten u. Schleifen	.	4	6	2	2	.	0.30		
	2. Anstrich einschl. Kitten u. Schleifen	.	2	6	1.5	2.5	.	0.25		
	3. Anstrich	.	.	6	1	3	.	0.21		
	Matt lackieren mit Mattlack						10	.	.	0.25
	Lackieren	.	.	.	.	.	10	0.25		
	Summe	.	.	.	.	.	.	1.15	1.45	1.47
an Fenstern	Grundieren	.	.	7.2	3	1.8	.	0.2		
	1. Anstrich einschl. Kitten	.	4	6	2	2	.	0.5		
	2. Anstrich mit Nachkitten	.	2	6	2*	2*	.	0.4		
	Lackieren	.	.	.	.	.	10	.	0.3	
	Summe	.	.	.	.	.	.	1.1	1.4	
auf vorbereiteten Putzflächen	1. Anstrich mit Leinöl	12	.	.	.	.	.	0.15		
	2. Anstrich mit Ölfarbe einschl. Kitten	.	4	7	3	2	.	0.30		
	Überziehen mit Spachtelkittmasse	.	10	.	.	.	.	.	0.25	
	3. Anstrich einschl. Kitten	.	1	6	1.5	2.5	.	0.25		
	4. Anstrich	.	.	6	1.5	2.5	.	.	0.20	
	Lackieren	.	.	.	.	.	10	0.20		
	Summe	.	.	.	.	.	.	0.9	1.35	
auf Eisenflächen	Entrosten mit Drahtbürsten	.	.	.	.	.	.	0.12		
	Minisieren**	.	.	8**	4	.	.	0.18		
	1. Anstrich	.	.	6	2.5	1.5	.	0.2		
	2. Anstrich	.	.	6	4	.	.	0.2		
	Summe	.	.	.	.	.	.	0.7		

*vor Lackieren (also bei besserer Ausführung) kommt 1 dkg Firnis und 3 dkg Terpentin

**Entrosten auf chemischem Wege nach tatsächlichem Zeitaufwand

XIV. Klebearbeiten.

116. **Klebearbeiten (Tapezierer, Spalierer).**

m²		Papier-	Lin-krusta-imitat.	Velour-	Soierie-	Leder-imitat.	Sa-lubra	Tekko-	Lin-krusta	Leder-
					Tapeten					
Material dkg	Makulaturpapier	in einer Lage, Rollengröße 35 × 0.5 (240 × 0.5)								
	Tapeten	in einer Lage mit Übergriff								
	Rollengröße	7.0 × 0.5				9.5/0.8	./0.8	7.0 × 0.5		
	Mehl	2.5	5	5	4	5	4	15	15	5
	Stärke*	1	2	2	1.6	2	1.6	6	6	2
	Leim	1 und mehr bei stärkeren Tapeten								
	Alaun	zum Abwaschen von frischen Putzwänden								
Zeit in Ta	Alte Tapeten entfernen	0.1	0.2	und mehr						
	Wand abreiben, waschen, leimen, gipsen	0.2 bis 0.3								
	Makulieren	0.1 bis 0.15								
	Tapeten schneiden und kleben	0.2	0.35	0.5	0.35	0.35	0.3	0.5	0.2	0.6
	Summe Ta									

Sonstige Arbeiten	1 m Holzleiste aufnageln	1 Tapetentür bespannen	1m Bandstreifen kleben	1 m Bordüre kleben	1 m² Plafond weiß kleben	Schnittkanten dunkler Tapeten Färben pro Zimmer	Leisten oder Stuck-Imitationplafond pro m/Leiste
	0.1	2—3	0.1	0.05	0.3	3.5—4.5	0.25

Anmerkung: * bei Farben, die vom Mehlkleister angegriffen werden

117. **Linoleumbelag, Stoffbespannung.**

m²		Linoleum auf vorbereiteter Unterlage	Stoffbespannung auf Wänden	
Verschnitt	%	5—10	5	
Befestigung	dkg	35 Linoleumkitt	15 Nägel	
Stunden	Ta	0.2—0.3	0.3	

118.

XV. Hafner-(Ofen- und Herd-)Arbeiten.

Öfen.

Die Kachelanzahl wird, wie folgt, ermittelt:

$$
\begin{aligned}
1 \text{ gewöhnliche Kachel} &= 1 \quad \text{St.} \\
1 \text{ Eckkachel} &= 1\tfrac{1}{2} \text{ St.} \\
1 \text{ Gesimse} &= 1\tfrac{1}{2} \text{ St.} \\
1 \text{ Sockel} &= 2 \text{ mal} \\
1 \text{ Deckel und Rauchrohr} &= 70\%
\end{aligned}
$$

Beispiel: Ofen 2 Kachel breit, $1\tfrac{1}{2}$ Kachel tief, 5 Kachel hoch, wobei die letzte Reihe gleichzeitig das Gesimse bildet. In einer Reihe befinden sich somit $2 + 2 + 1\tfrac{1}{2} + 1\tfrac{1}{2} = 7$ Kachel, daher in 4 Reihen

		Stück
in 4 Reihen		28 Stück
Gesimse	$7 \times 1\tfrac{1}{2} = 10\tfrac{1}{2}$	Stück
Sockel	$7 \times 2 = 14$	Stück
Deckel	$7 \times 0.7 = 5$	Stück
Zusammen		58 Stück.

1 m² Kachelheizfläche genügt unter normalen Verhältnissen für etwa 30 m³. Die Rostfläche beträgt etwa $^1/_{150}$ der Heizfläche.

Bei Ausbildung der Kachelöfen als Brabbéeofen kommt ein zwei- bzw. dreiteiliger Sockel mit Bodenplatten und eine 2 mm starke Eisenplatte, die nach jeder Richtung um 12 cm kleiner ist als der Ofenquerschnitt.

1 Schaff Lehm hat etwa 10 l = 14 kg Lehminhalt.

Herde.

Die Tafel 120 betrifft einen Tischherd o h n e Wandverkachelung, der mit zwei Seiten unmittelbar an eine Mauer anstößt.

Bei einem nur mit der Längsseite an eine Mauer anschließenden Herd würde sich das Material um 10%, die Arbeitszeit um 15% erhöhen.

Bei einem nur mit der Schmalseite an eine Mauer anschließenden Herd würde a u ß e r d e m der Kachelbedarf um 20% steigen.

Die Bratrohre sind übereinanderliegend angenommen. Bratrohre nebeneinander erhöhen Material- und Zeitaufwand um etwa 10%.

119. Kachelofensetzen pro Stück.

Breite	in Kachel-	2	2.5	2.5	3		3.5		4	4	4.5		5
Tiefe		1.5		2							2.5		
Höhe		5		5	6		7	6	7		7	8	9
K. Heizfläche	m²	1.7	2.2	2.5	2.9	3.3	3.8	4.0	4.6	5.0	5.1	6.2	7.3
Kachel	St	58	66	74	83	92	102	102	113	123	133	157	183
Futter- 3 cm	St	21	23	28	34	49	54	55	60	65	72	80	98
steine 1.5 cm	St	20	25	20	26	20	26	26	30	35	30	40	50
Schamottez. 4.5 cm	St	2	2	8	10	6	6	8	8	10	17	20	25
Schaff Lehm		7	9	11	12	13	14	15	16	17	18	20	25
Bindedraht	kg	0.5	0.5	0.6	0.6	0.7	0.8	0.9	1.0	1.1	1.2	1.4	1.6
Abdeckplatten 30 × 30 cm	St	—	—	2	2	3 × 30 × 40				—	—	—	—
40 × 50 cm	St	—	—	—	—	—	—	—	—	—	3	4	—
50 × 50 cm	St	—	—	—	—	—	—	—	—	—	—	—	4
20 × 20 cm	St	—	—	—	—	4	4	6	8	8	4	8	8
Ziegel f. Sockel	St	8	10	12	12	Brabbée Sockel							
Zeit	Hf	14	16	20	22	26	30	30	36	44	50	62	74
Zeit	H	7	8	10	11	13	15	15	18	22	25	31	37

120. Kacheleckherd (ohne Aufsatz) setzen pro Stück.

Plattengröße	"	15/30	18/30	21/30	24/30	24/36	30/42
Herdgröße	cm	50/90	60/90	65/90	75/90	75/105	90/120
Kachel	St	44	45	48	50	56	70
Ziegel	St	56	60	66	74	80	100
Dachziegel	St	12	15	18	20	23	26
Schamotteziegel	St	4	4	6	8	10	15
Schaff Lehm		4	4	4	5	6	7
Schaff Mörtel 1 : 4		15	17	20	24	28	33
Bindedraht	kg	0.3	0.3	0.4	0.5	0.6	0.7
Zeit	Hf	17	18	20	24	30	40
Zeit	H	8	9	10	12	15	20

XVII. Entwässerungs-(Kanalisations-)Arbeiten.

Gewicht der Rohre nach Herkunft verschieden.

121. Rohrgraben 1 m tief in leichtem Boden ausheben und zuschütten.

für Steinzeugrohre Durchmesser cm / lfm.	E	+	verdrängte Masse m³	Grubenbreite cm
10	1.25	In der Tiefe von 1.5 m — 2.0 m 30% / 2.0 m — 4.0 m 100% / 4.0 m — 6.0 m 150%	0.013	60
12½	1.30		0.020	62½
15	1.35		0.027	65
17½	1.40		0.036	67½
20	1.45		0.046	70
22½	1.50		0.057	72½
25	1.54		0.069	75
27½	1.59		0.082	77½
30	1.63		0.10	80
35	1.71		0.13	85
40	1.79		0.17	90
45	1.87		0.21	95
50	1.94		0.26	100
55	2.01		0.31	110
60	2.08		0.40	120

Grubenbreite von 1.50 bis 2.0 m Tiefe um 5 cm, über 2.0 m ,, ,, 10 cm größer.

122. Verlegen von Steinzeugrohren einschl. Abdichten.

Durchmesser in cm / lfm.	R	Dichtungsmaterial kg		Gewicht kg der Rohre
		Teerstrick	Asphaltkitt	
10	0.5	0.25	0.6	14
15	0.7	0.4	0.9	24
20	0.9	0.5	1.2	35
25	1.2	0.6	1.6	50
30	1.5	0.7	2.1	66
35	1.8	0.8	2.7	85
40	2.1	1.0	3.3	105
45	2.4	1.2	4	125
50	2.7	1.4	4.7	150
55	3.0	1.6	5.5	180
60	3.3	1.8	6.3	2.05

123. **Verlegen von Betonrohren.**

	lfm.	R	l Zem. M. 1 : 2	Gewicht kg	verdrängte Masse m³
rund d in cm	10	0.3	0.1	24	0.018
	15	0.4	0.2	38	0.033
	20	0.5	0.25	60	0.058
	30	0.8	0.5	120	0.124
	40	1.2	0.9	200	0.210
	50	1.6	1.3	280	0.310
	60	2.1	1.9	390	0.440
	70	2.8	2.4	460	0.586
	80	3.6	3.0	600	0.752
	90	4.5	3.5	750	0.961
	100	5.5	4.0	960	1.180
eiförmig b/h	20/30	1.0	0.5	100	0.09
	30/45	1.2	0.8	190	0.13
	40/60	2.0	1.5	305	0.31
	60/90	3.8	3.0	626	0.68
	70/105	5.0	3.5	780	0.90
	80/120	6.0	4.5	990	1.18
	90/135	8.0	6.0	1200	1.45
	100/150	10.0	6.5	1450	1.78

124. **Stampfbetonkanäle pro m³ (Putz pro m³).**

			Durchflußquerschnitt bis			m² Putz
	m³		2.5 m²	5.0 m²	7.5 m	
Betonierung*	Gewölbe	B	3.5	3.0	2.5	0.8
		H	4.0	3.5	3.0	0.2
	Widerlager und Sohle	B	3.5	3.0	2.5	16 l Putzm.
		H	5.5	5.0	4.5	
Schalung	lfm.	Z	6—7	8—10	11—14	* + 0.5 H pro m Tiefe über 3 m
	Schalholz	m³	0.12—0.15	0.18—0.25	0.3—0.4	
	Kleineisenzeug	kg	20 pro m³ Holz			

125. Einsteigschächte aus Betontrommeln.

	d in cm	M	l Zem.-Mörtel	verdrängte Masse m³	
lfm. Betontrommeln	60	1.5	2.5	0.42	**1 Schachtfuß d = 100 erfordert 3 M. Verdrängte Masse 1.20 m³**
	70	1.6	3.0	0.55	
	80	1.8	3.5	0.72	
	90	2.0	4.0	0.92	
	100	2.4	4.5	1.13	
	120	2.8	5.0	1.63	
1 Schachtkopf lg. 60 cm	56/80	1.2	2.5	0.30	
	56/90	1.4	3.0	0.40	
	56/100	1.8	3.5	0.46	
	70/80	1.4	3.0	0.40	
	70/90	1.8	3.5	0.45	
	70/100	2.0	4.0	0.52	

126. Gemauerte Kanäle.

		Kanalmauerwerk m³	Einsteigschacht 1 m hoch d = 1 m	1 Stück Schachtabdeckung in der Fahrbahn	Gehsteig
Klinker	St	400	410 Keilsteine	1 Rahmen und Deckel	
Zementmörtel	l	300		5	7 u. 25 kg Asphalt
bis 3 m Tiefe	M	8 + (0.5 pro m Mehrtiefe)		1.5	2
	H	4		1.5	2
+ ausfugen m²	M	1 und 5 l Zementmörtel			

127. Versetzarbeiten.

Stück	M	l Zem. M.	für d in cm		M
Aborttrichter freistehend	2	3	**Rohransatz**	15	2.5
Geschränke aus Eisen 50/50	1	5		20	3
Geschränke aus Beton	1	6	**Sinkkasten lg 1 m**	30	1.5
Fettfang ⌀ 25	3	—		35	2
Benzinabscheider	3	—		40	2.5
Steigeisen	0.3	—		45	3
m Drainagerohr d = 7.5 cm im Keller verlegen	0.25	0.25		50	3.5

128. **Abortrohre versetzen (d in cm).**

lfm.		d = 10	15	20	25 cm
Teerstricke	kg	0.2	0.25	0.3	0.4
Asphaltkitt	kg	0.6	0.9	1.2	1.6
Rohrhaken	kg	1.2	1.3	1.4	1.6
Zeit	M	0.6	1	1.5	2
	H	0.3	0.5	0.8	1
+ für Formstücke	Bogen	einfacher	doppelter		
		Abzweiger			
Material wie für	1	1⅓	2 m gerades Rohr		
Zeit wie für	vermindert um Länge des Formstückes				

129. **Versetzarbeiten.**

130. Verlegen von gußeisernen Muffenrohren lfm. samt Dichten.

für d in mm	R	kg Blei	kg Stricke	1 Formstück R
25	0.4	0.23	0.028	2.5
30	0.43	0.33	0.0333	
35	0.46	0.42	0.042	
40	0.48	0.51	0.051	
50	0.50	0.60	0.069	2.5
60	0.52	0.78	0.078	
70	0.54	0.86	0.094	
80	0.56	1.00	0.105	
90	0.58	1.15	0.118	
100	0.6	1.35	0.135	3.5
125	0.8		0.170	
150	0.9		0.214	
175			0.246	
200	1.2		0.297	5
225			0.367	
250	1.5		0.440	
275			0.469	
300	1.8		0.509	7
325			0.546	
350	2.1		0.583	
375			0.664	
400	2.4		0.716	9
425			0.779	
450	2.6		0.833	
475			0.877	
500	2.8		1.01	12
550			1.17	
600	3.0		1.33	18

XX. Brunnenarbeiten.

Die Tafelwerte beziehen sich ausschließlich auf den mit Ziegel von oben nach abwärts gemauerten Brunnen. Wie aus der Natur der Sache hervorgeht, können die Ziffern nur einen Anhaltspunkt über die möglichen (r e i c h l i c h gerechneten) Arbeitsstunden geben. Die Zahlen wurden von Herrn Brunnenmeister Bösenkopf überprüft.

Innerer Brunnen-durchmesser	m	1.1	1.5	2.0	2.5	3.0	3.5	4.0	4.5	5.0
Wandstärke	cm	15	15—30		30	30—45		45—60		60
Pro Tiefenmeter Erdaushub	m³	1.6	2.6	5.3	7.5	10	15	19	26	31
Mauerwerk	m³	0.6	0.8	2.2	2.5	3.1	5.6	6.3.	9.7	10.6
Ziegel	St	160	225	590	720	880	1520	1750	2720	2975
Portlandz.	kg	100	150	300	350	450	550	750	1200	1400
E pro Tiefenmeter in einer Tiefe von m 0—5	m	20	27	58	72	90	140	170	245	270
5—10	m	22.5	30.5	65	81	100	154	186	263	290
10—15	m	25	34	72	90	110	168	202	281	310
15—20	m	27.5	37.5	79	99	120	182	218	299	330
20—25	m	30	41	86	108	130	196	234	307	350
25—30	m	32.5	44.5	93	117	140	210	250	325	370
30—35	m	35	48	100	126	150	224	266	343	380
35—40	m	37.5	51.5	107	135	160	238	282	361	410
40—45	m	40	55	114	144	170	252	298	379	430
45—50	m	42.5	58.5	121	153	180	266	314	397	450

+		
bei Stein u. Kon-glomerat	60%
schwerem Boden	100%
Wasser	100%

Beispiel: Ungefähre Arbeitszeit für einen Brunnen mit 5 m lichtem Durchmesser, bis 12 m normalem Boden, von 12 bis 15 m Konglomeratschichten von zusammen 1.5 m Breite. Gesamttiefe 25.0 m, ab 18.0 m Wasser.

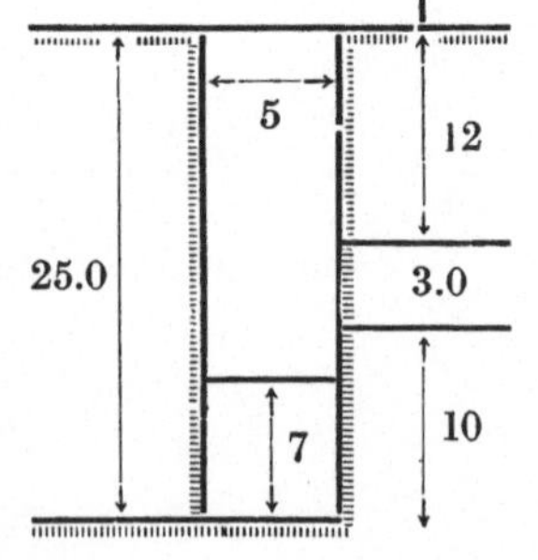

$$
\begin{aligned}
\text{Von} \quad 0\text{—}5 \quad & 5 \times 270 = 1.350 \\
5\text{—}10 \quad & 5 \times 290 = 1.450 \\
10\text{—}15 \quad & 5 \times 310 = 1.550 \\
15\text{—}20 \quad & 5 \times 330 = 1.650 \\
20\text{—}25 \quad & 5 \times 350 = 1.750 \\
\text{Wasser} \quad 18\text{—}20 \text{ m} \quad & 2 \times 330 = 660 \\
20\text{—}25 \quad & 5 \times 350 = 1.750 \\
\end{aligned}
$$

Konglomerat
$$
0.6 \times 1.5 \times 310 = 279
$$

10.439 Stunden =
bei 8 Mann etwa 27 Wochen.

XXI. Steinsetzer-(Pflasterer-)Arbeiten.

132. Chaussierung.   133. Betonunterlage.

Packlage 20 m st. gewalzt		m²	Beschotterungu. Besandung 10cm		m²		m²
Planum ebnen auf ± 10 cm	H	0.3	Schotter $^{40}/_{70}$		100	kg	0.25 m³ Beton lose Masse
Steine	t	0.45	„ $^{20}/_{70}$		40	„	
Kiessand	kg	70	Splitt $^{10}/_{20}$		25	„	
Setzen, auskeilen, besanden	P	0.45	Sand $^{0}/_{7}$		25	„	
	H	0.45	Schottern	H	0.35		0.5 Ms
Walzen (12—18 t)	H	0.15	Walzen	H	0.2		1

134. Pflasterung auf vorhandener Unterlage (Taf. 132 oder 133).

m²		Großpflaster etwa $^{16}/_{16}$ *	Kleinpflaster in 4 cm Sandbett für			
			etwa $^{8}/_{10}$	$^{4}/_{6}$	$^{3}/_{5}$	
Planum ebnen	H	0.3				
Sand	m³	0.15	0.05			
Steine	m³	1	1			
Sand einbringen	H	0.1	0.03	0.03	0.03	
Plastern, Rammen	P	0.8 (0.9 f. $^{10}/_{16}$)	0.75	0.85	1	
Einschlämmen	H	0.5	0.4	0.6	0.8	
+ f. Polygonpfl.	P	0.2	0.2 für Bogenreihen			
Asphaltfugen- verguß	kg	5	0.8			
	As	0.8	1.1			

Holzpflaster auf vorh. Unterbeton 0.8 P + 0.4 H

135. Schwarzdecken auf vorhandenem Unterbau.

m²		Asphaltbeton- decke 7 cm	Eingußdecke 7 cm (Teer- tränkdecke)	Weichasphalt- splitt	Emulsions- teppich 4 cm Kaltasph.-Splitt
Schotter	kg	—	150		
Edelsplitt $^{8}/_{12}$	kg	140	22	60 Weichasph. Splitt.	60
Kalkmehl	kg	10	40 Asph.-Mehl	10 „ gruß	—
Sand	kg	20	5	—	6
Bitumen	kg	12	13	—	7 (Kaltasphalt- Emulsion)
Entladearbeiten	H	0.1	0.15	0.05	0.05
Deckenherstellg.	As	0.3	0.3	0.2	0.2
	H	0.7	0.7	0.3	0.25
Nachwalzen (12 t)	Ms	0.02			

136. Oberflächenbehandlung (doppelt) mit

m²		Kaltasphalt *	Heißteer	flüssigem Asph.* (Asph.-Bitumen)	
Unterlage vorbereiten	H	0.15	0.05	0.1	
Splitt	kg	20	30	20	
Bindemittel*	kg	3	2.8	2.5	
Zeit	As	0.03	0.03	0.02	
	H	0.1	0.06	0.05	
Walzen (6 t)	Ms	0.01			

137. Betonstraßen (zweischichtig).

m²		
Planum ebnen	H	0.2—0.3
Unterlagspapier	m²	1.2
„ verlegen	H	0.01
Zement	kg	70
Zuschlagst.	m³	0.3
Wasser	m³	
bei Mischmaschinen von mind. 1000 l	Ms	0.6
	H	1
Bretter 14 mm	m²	0.8
Kleineisenzeug	kg	0.08
Zeit	B	0.5
Bretter 20 mm	m²	0.2
Kleineisenzeug	kg	0.1
Zeit	B	0.6
mit Bitumen	kg	3
vergießen	As	0.25

(Betonunter- und -oberschichte 20 cm st. / lfm. Längsfugen / lfm. Quer-)

Stampf- und Gußasphalt siehe Tafel 52 und 53.

138. Bordsteine.

m			
Ziegel		St	36
Zement-Mörtel		l	25
Zeit		P	0.6
		H	0.4
Beton 1 : 8		m³	0.12
Zeit		P	0.6
		H	0.6
Vergußmasse		kg	
Setzen und vergießen		P	0.5—0.7
		H	0.5—0.7
Hochbordsteine auf Kies versetzen mit Hinterstopfen		P	0.3
		H	0.3
Tiefbordsteine in Kies versetzen und Hinterfüllen		P	0.3
		H	0.2
Rinnenpflaster in Sandbett setzen und hinterfüllen		P	0.7
		H	0.5

(Ziegelunterlage / Beton- / Randsteine)

Sachverzeichnis.